DÉPARTEMENT DE LA GIRONDE

ZOOLOGIE

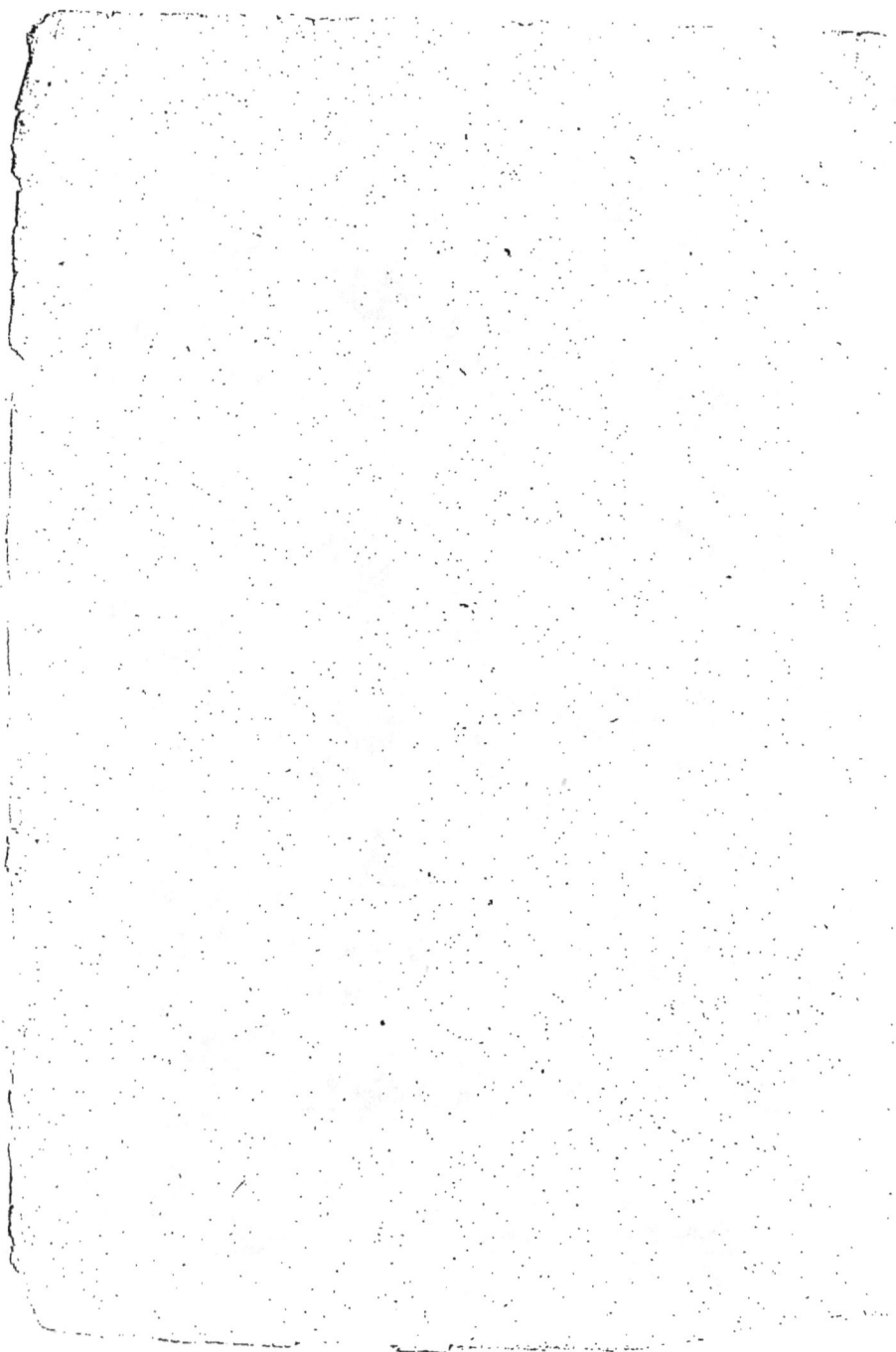

NOTIONS

DE

ZOOLOGIE RURALE

BORDEAUX. — IMPR. DE F. DEGRÉTEAU ET Cie,
Rue du Pas Saint-Georges, 28.

DÉPARTEMENT DE LA GIRONDE. — ENSEIGNEMENT AGRICOLE.
Professeur : M. Aug. PETIT-LAFITTE.

NOTIONS

DE

ZOOLOGIE RURALE

AVEC DES APPLICATIONS PRINCIPALEMENT

AU DÉPARTEMENT DE LA GIRONDE

PRÉCÉDÉES

PAR L'HISTORIQUE DE L'ÉPIZOOTIE DE 1774

> « Les laboureurs ne suffisent pas pour la culture des terres ; il faut encore les bestiaux qui enfoncent le soc de la charrue dans les champs, et qui engraissent de leur fumier ceux qui sont maigres. »
>
> P. VABIÈRE : *Prædium rusticum.*

PARIS
LIBRAIRIE AGRICOLE
DE LA MAISON RUSTIQUE
Rue Jacob, 26.

BORDEAUX
CHEZ CODERC, DEGRÉTEAU ET POUJOL
(MAISON LAFARGUE)
Rue du Pas Saint-Georges, 28.

1864

Non-seulement la relation qui ouvre ce petit volume nous a servi pour notre enseignement à Bordeaux, en 1863-64, mais ce qu'elle contient en outre, a également servi de texte à nos lecteurs. Nous regrettons seulement d'avoir été obligé de restreindre beaucoup ce texte, de le réduire à de simples notes.

DISCOURS D'OUVERTURE

ET

PROGRAMME DES LEÇONS DE L'EXERCICE 1863-64

du

COURS D'AGRICULTURE DE BORDEAUX

———

L'ÉPIZOOTIE DE 1774

> « Les épizooties sont un des plus grands
> » fléaux qui puissent affliger les campagnes.
> » Lorsque les terres restent en friche ; lors-
> » que les bestiaux sont ensevelis sous le
> » champ qu'ils doivent labourer, il ne reste
> » aucune ressource aux cultivateurs. »
>
> VICQ-D'AZYR.

On était arrivé à l'année 1774 ; un long règne venait de finir, léguant à la France, en politique, en administration, en finances, des difficultés comme il ne s'en était peut-être jamais présenté depuis l'établissement de la monarchie. Un autre règne venait de commencer : le 10 mai, Louis XVI avait succédé à Louis XV, acceptant ainsi par devoir un héritage, sinon plus grand que son dévouement, au moins de beaucoup au-dessus de ses forces, de ses résolutions et surtout des moyens dont pouvaient lui permettre l'emploi sa profonde sagesse, son austère probité.

Agricolement parlant, c'était aussi un temps assez remarquable. Les philosophes et les économistes avaient publié leurs ouvrages et fait connaître leurs systèmes; quelques-uns même avaient voulu joindre l'exemple au précepte :

« Choiseul est agricole et Voltaire est fermier .»

Enfin, pour nos contrées méridionales, pour la portion du beau bassin de la Garonne que ce fleuve enrichit de son limon, c'était bien peu d'années après l'affreuse inondation de 1770 : la plus grande, la plus désastreuse que l'on ait eu à enregistrer; celle dont la tradition s'entretient encore, sous le nom d'*Aygat dë Ramëous,* à cause qu'elle avait atteint son maximum de hauteur le 6 avril, jour du dimanche des rameaux (1)

L'été de 1773 avait été très-chaud à Paris; le 14 août, le thermomètre avait marqué + 39° 4 : circonstance que l'on a toujours regardée comme de nature à vicier les conditions d'existence des hommes et des animaux. Malgré des préoccupations

---

(1) Ce jour, à Agen, les eaux de la Garonne étaient montées à 9ᵐ 58 au-dessus de leur niveau moyen.

chaque jour plus grandes et bien propres d'ailleurs
à détourner les esprits des faits agricoles, on avait
appris cependant que déjà il régnait en Hollande, et
bien plus près encore, en Artois, en Bretagne, etc.,
une maladie épizootique qui faisait les plus grands
ravages. Tout-à-coup, et dès les premiers jours du
printemps de 1774, le bruit se répandit que cette
épizootie venait d'éclater dans les environs de
Bayonne; que ses caractères étaient des plus alar-
mants, ses progrès des plus rapides.

Le célèbre médecin Vicq-d'Azyr, que le gouvernement chargea bientôt du soin de combattre le
redoutable fléau, et à qui l'on doit, sur ce sujet,
un ouvrage des plus précieux et tout-à-fait complet (1), résume ainsi les nombreux détails relatifs
à l'invasion et à la propagation de cette grande
épizootie.

« L'épizootie cruelle qui dévaste les provinces
méridionales, est venue, suivant le témoignage des
personnes les plus dignes de foi, de la ville de
Bayonne, par la voie de la communication. Des bestiaux de la paroisse de Villefranche, ont conduit une
charrette remplie de peaux suspectes à la tannerie
d'Asparen. Bientôt ils ont été attaqués de la maladie

---

(1) Cet ouvrage a pour titre : *Exposé des moyens curatifs
et préservatifs qui peuvent être employés contre les maladies
pestilentielles des bêtes à cornes.* — Paris, Mérigot, 1776, in-8°.

épizootique, qu'ils ont communiquée à ceux des
métairies situées aux environs. Deux paroisses voisines ont été infectées quelques temps après. Mais
l'épizootie aurait fait des progrès beaucoup plus
lents, si l'avidité de quelques particuliers ne l'avait
pas transportée dans des lieux très-éloignés de celui
qui l'avait vu naître. On conduisit à Saint-Martin,
à la foire de la Saint-Jean, un grand nombre de
bestiaux infectés. Les maquignons ajoutèrent au
mal déjà fait, en vendant également des bestiaux
suspects à la foire de Saint-Justin. On croit que ces
bestiaux venaient de Dax, où la maladie avait pénétré du côté de Bayonne. Le Béarn était déjà infecté
par le point qui avoisine le pays de Labour. Depuis
cette foire la maladie s'est répandue dans la Chalosse, dans le Marsan, dans le Tursan, dans le
Béarn, dans le pays de Soule et le Basque; de là
elle a gagné les montagnes de la basse Navarre, et
les différentes vallées qui sont au midi du Béarn.
Du Marsan elle est passée à Gondrin; de Gondrin
à Mont-Réal, à Sos, à Poudenas, qui sont dans le
Condomois, à Condom enfin; de là à Lectoure et
dans la Loumagne. Du Béarn, elle a pénétré dans
la Bigorre, dans l'Armagnac et dans l'Estarac; d'où
elle est venue à Toulouse par Gimont et par l'Isle-
Jourdin. Des bestiaux qui avaient été amenés du
Condomois par le Port-Sainte-Marie à la foire de
Créon, dans l'Entre-deux-Mers, l'ont portée à

Libourne et à Bordeaux. De Libourne enfin elle s'est avancée dans la Saintonge et dans le Périgord. Telle est la marche de la maladie qui, depuis le mois de juillet 1774, n'a pas cessé un instant de désoler les provinces méridionales. » Il disait encore, » Cette maladie est peut-être la plus étendue, et elle a été pendant longtemps, la plus meurtrière de toutes celles dont les auteurs nous ont transmis les détails. Le midi de la France est dévasté dans près de cent lieues de pays. »

Un autre médecin de l'époque, auteur également d'un ouvrage très-important sur la matière, J.-J. Paulet (1) confirme ces détails, en ajoutant que les cuirs verts débarqués à Bayonne, venaient de la Zélande hollandaise ou de l'Artois. Enfin Dufau, de de Dax, dont on possède des travaux imprimés et manuscrits sur le même sujet (2), trace ainsi la marche rapide de l'épizootie. « Dès le printemps de l'année 1774, elle s'est manifestée dans la basse Navarre et le Pays-de-Labour, d'où elle s'est répandue dans l'Aquitaine avec une célérité incroyable. Dès le mois de juillet, elle ravageait les environs de notre ville (Dax), et avant la fin de l'année elle avait déjà

---

(1) *Recherches historiques et physiques sur les maladies épizootiques*, Paris, 1775.

(2) *Mémoire en forme de lettres sur une maladie épizootique*, Genève, 1785.

porté la désolation sur les bords occidentaux de l'Océan, à quarante ou cinquante lieues vers l'Est, et à quinze ou vingt du Nord au Sud. »

Dans notre ville, ce fut encore un médecin, Doazan, premier syndic du collége des médecins de Bordeaux qui, d'abord, attira l'attention de ses concitoyens sur le fléau dont ils étaient menacés, par une publication où se trouvaient réunies, sur la matière, plusieurs dissertations également remarquables par leur valeur et leur opportunité (1).

Il énumérait les circonstances diverses du mal : fièvre, tristesse, abattement, cessation d'appétit, poil hérissé, écoulement par les naseaux d'une morve purulente, diarrhée le quatrième ou le cinquième jour, mort du sixième au huitième au plus. Il décri-

---

(1) *Mémoire sur la maladie épizootique régnante, présenté au collège des médecins agrégés de Bordeaux.* — Bordeaux, 1774,

Citons aussi l'ouvrage d'un autre médecin de Bordeaux, A. Boniol : *Dissertation sur la maladie épizootique des animaux, et les moyens propres à les conserver.* — Agen, 1789.

En parlant de cette dissertation, l'auteur des *Annales de Bordeaux* (Bernadeau) ajoute : « On prétend y trouver des notions sur la vaccine, découverte due au XIXe siècle, pour arrêter les effets de la petite vérole. »

Il est probable qu'il y a ici une erreur et Boniol lui-même dit, dans un *post-scriptum,* qu'il avait parlé de l'inoculation dans un mémoire adressé au Roi en 1775, mais que cela

vait les signes de son envahissement. « En passant la main un peu rudement le long de l'épine du dos, depuis les épaules jusqu'à la croupe, l'animal paraît sensible, s'abaisse et plie presque jusqu'à terre, pour fuir l'attouchement : en lui pinçant la peau sous le ventre, il se relève promptement et forme le dos du chameau; il s'agite lorsqu'on lui presse les os du genou, annonçant beaucoup de sensibilité, etc... »

Il fut constaté aussi, dès le principe, et c'est là ce qui dicta les moyens les plus efficaces pour sa guérison, que cette maladie, semblable à la peste, ne se communiquait que par le contact. L'air n'en était pas le véhicule; car, s'il avait eu cette funeste propriété, dit un autre écrivain de la contrée, tout était perdu sans ressource.

Dans d'autres écrits de l'époque, et on comprend qu'ils durent être nombreux, on trouve d'intéres-

---

ayant déplu à un ministre, il l'avait soustrait dans cette dissertation, pour y revenir dans un autre moment.

L'inoculation, comme moyen prophylactique contre les contagions épizootiques, avait été tentée, en Angleterre par Layard, en Hollande par Camper, en France par Vicq-d'Azyr, mais sans succès. C'est ce moyen sans doute dont avait de nouveau parlé Boniol.

Au reste, c'est en 1798 que E. Jenner annonça au monde savant sa grande découverte de la vaccine. En 1801, il publia un autre ouvrage sur le même sujet.

santes recherches sur l'origine et la filiation d'un
mal devenu, par son étendue et par ses conséquences, pour l'agriculture et pour la richesse publique,
une véritable calamité sociale.

C'est ainsi que l'on considéra l'épizootie de 1774
comme un retour de ces grandes mortalités dont
l'antiquité avait été affligée à plusieurs époques, et
dont les récits nous ont été conservés par Moïse et
par des auteurs tels qu'Homère (1), Ovide (2), Virgile (3), Lucrèce (4), le cardinal Baronius (5); saint
Agobert (6), etc... De la sorte, non-seulement on
crut reconnaître de part et d'autre les mêmes symptômes, les mêmes caractères; mais on vit dans l'évènement, une de ces manifestations providentielles,
un de ces grands avertissements du ciel dont l'idée
est si bien exprimée par le fabuliste, quand il dit :

> Un mal qui répand la terreur,
> Mal que le ciel en sa fureur
> Inventa pour punir les crimes de la terre,
> La peste (puisqu'il faut l'appeler par son nom)
> Capable d'enrichir en un jour l'Achéron
> Faisait aux animaux la guerre.

---

(1) *Illiade*, chant Ier.
(2) *Métamorphoses*, L. VII.
(3) *Géorgiques*, chant IIIe.
(4) *De la nature des choses*, L. VI.
(5) *Annales ecclésiastiques*.
(6) *Vie de Charlemagne*.

Nous n'aurions plus aujourd'hui le même intérêt à rattacher à des maux heureusement passés, des maux encore plus anciens et d'ailleurs amplifiés par le temps et par l'imagination des poètes. Seulement nous dirons qu'il ne faudrait peut-être pas les considérer comme du domaine exclusif de l'histoire : leurs causes n'ayant pas cessé de faire partie du monde que nous habitons, conformément à ces belles paroles de Lucrèce. « J'aborde maintenant les causes de ces maux contagieux, de ces fléaux meurtriers qui tout-à-coup frappent la terre et livrent à la mort la foule des hommes et des troupeaux. Souviens-toi qu'un nombre infini d'éléments variés flottent dans l'atmosphère; les uns sont les réparateurs de la vie, les autres enfantent les douleurs et la mort : quand ces funestes éléments se rassemblent ils corrompent les airs. Alors des maux contagieux, des miasmes empestés volent comme les nuages qui couvent les tempêtes, et, des climats étrangers, s'élancent vers nous sur les ailes des vents; ou bien ils s'exhalent de la terre fangeuse quand la pluie surabonde et fermente avec l'ardente chaleur du soleil, dans les glèbes putréfiées. »

Ajoutons aussi que presque toujours, à ces funestes époques, l'intervention de l'homme, de ce génie dont il semble doué pour altérer son bonheur, pour se créer des souffrances, entre pour beaucoup dans les infortunes qu'il subit, dans les malheurs qu'il essuie. Sans remonter aussi haut que ceux dont nous venons de rapporter les opinions, il n'avait pas été difficile cependant au médecin bordelais déjà cité, à Doazan, de trouver en Bohême et de voir dans les guerres dont ce pays avait été le théâtre pendant la première moitié du XVIIIe siècle, les causes déterminantes de la redoutable épizootie. « Cette maladie, disait-il dans un autre écrit, est une fièvre maligne, pestilentielle et pourpreuse: elle a pris naissance en Bohême pendant que ce royaume a servi de théâtre à la guerre. De là elle a passé en Hongrie et en Bavière; le Tyrol, l'Alsace, la Lorraine, la Franche-Comté et différentes provinces de France en ont successivement ressenti et en ressentent encore les cruelles atteintes. Les autres royaumes de l'Europe n'en ont point été exempts, et partout l'on a perdu, et l'on perd journellement une quantité prodigieuse de bestiaux. Ce n'est que sur les taureaux, bœufs, veaux, et surtout sur les vaches, que cette maladie s'est attachée (1). »

Un fait bien digne d'être remarqué, c'est qu'en général on a toujours cru pouvoir placer en Bohême et en Hongrie, l'origine des grandes mortalités qui sont venues successivement frapper les bêtes à cornes de l'Europe. Lors de la grande épizootie

---

(1) *Maladie sur les bestiaux*, etc... Bordeaux, P. Phillippot, 1775, in-12.

de 1814, importée en France par l'invasion étrangère, l'habile vétérinaire Grognier disait au préfet du Rhône : « Les plaines de la Hongrie sont le foyer de presque toutes les épizooties qui, à différentes époques depuis plus d'un siècle, ont enlevé à l'Europe plusieurs millions de bêtes. »

Celle dont nous nous occupons, et en admettant toutefois et contrairement à l'opinion d'observateurs célèbres, qu'elle n'était pas la continuation plusieurs fois interrompue des épizooties de 1711, 1730, 1733, devrait être directement rattachée au désastreux typhus de 1770; celui qui attira si vivement l'attention des Facultés de médecine de Paris et de Montpellier, qui fut l'objet des investigations du grand Boerhaave lui-même, et fit dire au docteur Paulet que *jamais on ne fit tant d'honneur au bétail*. Alors, encore, on avait vu l'origine première du mal dans l'usage de feuilles d'arbres pourries dont on avait nourri le bétail en Bohême durant le siége de Prague : les chevaux de l'armée française ayant consommé les autres fourrages.

Par ces premiers détails, par ces opinions diverses, on a suffisamment compris quelle était l'importance du mal et combien il était digne de tous les moyens que crurent devoir employer, pour le conjurer, les particuliers dont il menaçait la fortune, l'administration dont il excitait à si juste titre toute la sollicitude.

Sans compter les difficultés que pourrait offrir un pareil projet, on comprend combien il y aurait peu d'intérêt à réunir et à relater exactement ici toutes les mesures administratives et autres auxquelles donna lieu l'épizootie, tant dans la province de Guienne que dans la ville de Bordeaux. Il sera plus convenable sans doute de faire de toutes ces mesures un tableau général et rapide, et d'y joindre les détails et les incidents les plus propres à faire comprendre quelles étaient, dans ces moments critiques et dans ces mêmes localités, les dispositions de l'opinion publique et les préoccupations de l'administration.

Chaque jour écoulé depuis celui de l'apparition du mal, avait agrandi son domaine et multiplié par conséquent les exemples de ces atteintes subites, de ces destructions rapides, instantanées, qui sont le partage des épizooties; alors qu'elles débutent, alors qu'elles cherchent, on serait tenté de le croire, à marquer le terrain sur lequel elles exerceront leurs ravages. A Bordeaux, tous ces faits étaient racontés, commentés, amplifiés, et l'on prévoyait le moment où la banlieue, les faubourgs et la ville elle-même, seraient envahis. Il arriva en effet ce moment qui devait répandre l'inquiétude au sein d'une cité populeuse (1), lui inspirer des craintes pour

(1) Voici ce que dit Dom Devienne, à la fin du dernier

son alimentation quotidienne et imposer à ses magistrats des obligations dignes de tout leur patriotisme et de tout leur dévouement (1).

» Le 12 octobre 1774, dit le médecin Doazan,
MM. les Jurats ayant fait inviter plusieurs médecins
du collége et quelques maîtres en chirurgie à se
rendre à l'hôtel commun de la ville, à trois heures
précises, *attendu le cas urgent,* nous nous trans-
portâmes en leur compagnie, au faubourg Saint-

---

volume de son *Histoire de Bordeaux*, composée vers le milieu du dernier siècle. « Le dénombrement des habitants de
» Bordeaux n'a jamais été fait, quoiqu'il ait été ordonné
» plusieurs fois. Suivant l'état fourni en 1699 par M. de
» Bezons, lorsqu'on demanda à tous les intendants du
» royaume des détails concernant leur généralité pour servir
» à l'instruction de M. le duc de Bourgogne, Bordeaux
» ne contenait, alors que 54,000 habitants. Le nombre
» était doublé lorsque M. de Tourny fut nommé à l'Inten-
» dance de Bordeaux en 1743, et s'il faut s'en rapporter
» au calcul le plus conforme à l'expérience, qui fixe le nom-
» bre des morts d'une ville, année commune, au trente-
» sixième de ses habitants, Bordeaux doit en avoir aujour-
» d'hui plus de 100,000. »

(1) Une lettre en date du 25 octobre 1774, écrite de Paris
par le maréchal de Richelieu, prouve qu'effectivement les
Jurats étaient hommes à faire leur devoir en cette occasion.
« Messieurs, leur disait le gouverneur de la province, je suis
» persuadé que vous avez fait tout ce qui a dépendu de vous,
» pour arrêter les progrès de la maladie épizootique dont la
» ville a été menacée, etc... » (*Archives municipales.*)

Seurin, derrière le Palais-Gallien, sur un vacant où l'on avait conduit la veille deux bœufs attaqués, disait-on, de la maladie épizootique, qui a ravagé une partie de la province : nous en fîmes faire l'ouverture en leur présence... un maréchal et un boucher furent nos anatomistes... »

Cette ouverture ne laissa aucun doute sur la maladie : elle avait bien pénétré dans Bordeaux et voici encore comment le même médecin expliquait ce fait. « Je suis parvenu à découvrir le moyen par lequel ces bœufs qui travaillaient tous les jours dans la ville, ont contracté la contagion. C'est par une vache achetée vers la fin du mois de septembre dernier à Lormont, dans une écurie où deux bœufs et deux vaches étaient déjà morts de l'épizootie qui régnait dans ce canton. Il est bien constant que cette vache fut conduite dans le faubourg Saint-Seurin.... »

Peu de jours après, le 29 octobre, la police rendit une ordonnance des plus sévères pour prévenir l'indroduction à Bordeaux, des bœufs, vaches ou veaux atteints de la maladie épizootique, ou soupçonnés de l'être.

Ce fut encore bien peu de temps après qu'on envoya en Guienne Vicq-d'Azyr, docteur régent de la Faculté de médecine de Paris, médecin-consultant de Monseigneur le Comte d'Artois ; de l'Académie royale des sciences, professeur d'anatomie humaine et comparée, commissaire-général des épidémies et

premier correspondant avec les médecins du royaume. Ce haut dignitaire de la science médicale avait
avec lui des vétérinaires également renommés, tels
que Billecocq, Lamanière, etc...

Voici en quels termes, et par une lettre du mois
de décembre 1774, Vicq-d'Azyr annonçait aux Jurats
de Bordeaux son arrivée dans cette ville et les motifs
qui l'y conduisait. « Le roi m'a chargé du soin de
faire des recherches physiques et médicinales sur
l'épidémie qui dévaste votre province et les environs
de la ville dont vous êtes les dignes magistrats. Je
suis venu dans le dessein de guérir et de prévenir, etc... (1)

Si l'on en juge par les mesures générales et énergiques qui suivirent de près l'arrivée en Guienne de
ces hommes spéciaux, on doit supposer que l'état des
choses avait produit sur eux une profonde et douloureuse sensation. A cette époque bien plus encore
que de nos jours, où les comunications sont si rapides, la capitale reprochait à la province une tendance
à l'exagération, d'où résultait une défiance souvent
nuisible à l'assistance que celle-ci devait en attendre.
Cette défiance était plus grande encore à l'égard de
nos contrées, soit à cause de leur éloignement, soit
à cause du caractère prêté à leurs habitants.

_____

(1) *Archives municipales.*

Mais la réalité était là avec tous ses détails, tous
ses désastres, toutes ses tritesses. Le mal avait déjà
fait d'horribles ravages ; quelques mois lui avaient
suffi pour priver le cultivateur de l'auxiliaire indispensable de ses pénibles travaux ; son étable était
vide, son foyer désolé et le bœuf pourrissait sous
la glèbe qu'il devait féconder de ses rudes labeurs.
Voici ce que disait à ce sujet, le 26 novembre 1774,
M. le chevalier de Villevocques, dans une lettre
qu'il adressait à l'intendant, M. de Clugny, et par
laquelle il lui proposait de faire venir des bœufs des
Açores, des Canaries, du Cap-Vert, etc... « Les
malheurs que la province souffre, par la mortalité
répandue sur le bétail, éprouvent sans doute votre
sensibilité. Il est des endroits qui ont été maltraités
au point que les hommes s'assemblent dix à douze
et traînent eux-mêmes la charrue...! Ce labourage
est lent et peu profond, ce qui doit mettre la terre
dans l'impossibilité de rapporter ce quelle donne
ordinairement... (1) »

Il faut reconnaître cependant que l'autorité pro-
vinciale n'était pas restée inactive devant de pareils
désastres. Mais ses efforts avaient pu manquer d'ensemble, peut-être même, s'était-elle trouvée dépourvue de cette force morale que réclamaient des circonstances aussi critiques et que peuvent seuls alors

---

(1) *Archives départementales.*

donner des pouvoirs extraordinaires. D'un autre
côté et contrairement aux usages du temps, cette
autorité était rapidement passée en plusieurs mains.
En 1773, M. Esmangard, intendant de la généralité
de Bordeaux avait été remplacé par M. de Clugny,
et celui-ci devenu, en 1776, contrôleur-général des
finances, avait eu pour successeur M. Dupré de Saint-
Maur.

Le 20 juin 1774, il avait été ordonné « que toutes
bêtes mortes de la maladie contagieuse seraient
enterrées dans des fosses suffisamment profondes,
lesquelles seraient exactement couvertes de terre et
garnies d'épines, pour empêcher l'approche des
animaux voraces, à peine contre ceux qui les aurait fait jeter dans la campagne, de 50 liv. d'amende... » Les 22 octobre et 8 décembre de la même
année, il avait été fait publication, tant dans les
églises qu'à l'extérieur, de l'arrêt du conseil du
31 janvier 1771, en ce qui touchait principalement
à la circulation des attelages, aux surveillances
diverses et aux déclarations. D'après cet arrêt, les
bêtes malades déclarées les premières à l'administration et par le propriétaire, si elles mouraient,
étaient payées selon leur valeur. Au contraire, si
cette déclaration était faite par une autre personne,
le propriétaire non-seulement n'était pas indemnisé,
mais encore il était condamné à une amende. Le
18 décembre, un autre arrêt du conseil avait prescrit

la visite, par les artistes vétérinaires, de toutes les communes infectées; l'abattage des bêtes malades et leur enterrement avec leur cuir, jusqu'à concurrence des dix premières seulement et en payant au propriétaire le tiers de la valeur des animaux.

Une foule d'autres mesures secondaires et sur lesquelles on devait revenir avec plus d'ensemble et plus d'insistance, avaient aussi été tentées; mais l'on s'était aperçu des grandes difficultés qu'amenait leur application rigoureuse et efficace; l'on avait constaté combien certaines tendances de la population à écouter des charlatans, de prétendus guérisseurs étaient de nature à maintenir et à propager la maladie. « Plusieurs personnes très-éclairées, est-il dit dans un écrit de l'époque, ont assuré que les coureurs de métairies ont fait et font encore beaucoup de mal dans cette généralité, tant par la mauvaise administration de leurs remèdes, que parce qu'ils vont immédiatement d'un endroit infecté dans un endroit sain, où ils ne manquent jamais de porter la contagion. »

Si l'on réfléchit en effet combien était préjudiciable, combien était douloureuse pour le cultivateur, la perte de ses bœufs, soit que la maladie les lui enlevât, soit qu'il fallût les conduire au loin, soit enfin qu'il devînt indispensable de les abattre sous ses yeux; on comprendra pourquoi les porteurs de remèdes le trouvaient si disposé à les accueillir, pourquoi le nombre de ces hommes, adroits et audacieux, était devenu si considérable. On le comprendra bien mieux encore quand on saura, comme nous aurons occasion de le dire bientôt, qu'il s'était rencontré une cour souveraine disposée à les appuyer.

Il fallut donc recourir aux moyens les plus énergiques : à l'établissement de plusieurs cordons sanitaires ; au dépeuplement ou refluement ; à la suspension des foires et des marchés ; à l'abattage ou assommement, d'abord des bêtes infectées, puis, plus tard, de celles qui étaient restées saines.

Déjà la force armée avait été requise, afin d'arrêter le mal sur les lieux envahis ; de l'empêcher de s'étendre sur le reste du royaume et de consommer ainsi la ruine complète de sa population bovine.

Dans une pièce publiée en Janvier 1775 et intitulée : *Premier mémoire instructif sur l'exécution du plan adopté par le Roi pour éteindre la maladie des bestiaux en Guienne,* on reconnaît l'utilité du double cordon sanitaire déjà établi, mais on proclame son insuffisance. Dès-lors il en est formé d'autres : tout à la fois pour couper la communication entre les villes renfermées dans l'intervalle des deux cordons et le centre des provinces attaquées, et pour pouvoir désinfecter en même temps les villages compris dans cet intervalle.

Pour arriver à la concentration du mal, à lui donner pour limites la rive gauche de la Garonne, qu'il avait déjà franchie dans le Bordelais comme nous l'avons vu, en atteignant Créon, Saint-Émilion, Libourne, et qu'il avait franchie aussi dans l'Agenais, en atteignant les paroisses de Pomme-Vic, Golfech, Clermont-Dessus et Valence, les ordres d'opérations étaient donnés ainsi qu'il suit :

Le comte de Fumel était chargé de tout ce qui pouvait avoir été attaqué en Saintonge, en Périgord et dans les environs de Libourne, afin de replier la maladie derrière la Dordogne. Il devait nétoyer ensuite l'Entre-deux-Mers, afin de lui donner la Garonne pour limite. Plus tard, il devait entreprendre et nettoyer le Médoc et les environs de Bordeaux, de manière à ne rien laisser derrière lui. Le comte d'Amou avait pour mission de désinfecter le pays de Labour et de pousser ses cordons, soit dans l'intérieur de la Guienne, soit dans les vallées qui pouvaient avoir été infectées, soit du côté des Landes.

Il serait à désirer, continuait le même mémoire, que nous copions presque textuellement, qu'on pût attaquer de la même manière et le plus tôt possible le Condomois, foyer de contagion le plus actif par l'aveugle crédulité dans les recettes de charlatans.

Un an après, en novembre 1775, dans un second mémoire instructif, on constatait que l'épizootie, grâce à la sévère exécution des mesures indiquées dans le premier, avait été éteinte en Saintonge, en

Périgord, dans l'Entre-deux-Mers, dans le port (1) et les boucheries de Bordeaux, les faubourgs, le Médoc, partie de l'Agenais, le Cominge, le Couserans, le Nébouzan, la Navarre, le Labour, la Soule, une partie de la Chalosse... Mais aussi et afin d'en-

---

(1) A cette époque effectivement et jusque dans les premières années du siècle présent, il y avait à Bordeaux une nombreuse population bovine, stationnant toute la journée sur les quais et servant, au moyen de traîneaux, au transport, dans l'intérieur de la ville, des denrées coloniales, surtout du sucre. De là l'origine du nom de *rue des Bouviers* que porte encore une rue du vieux quartier Saint-Michel. Ce sont les bœufs de ces traîneaux, tous de race garonnaise, qui fixèrent si vivement l'attention d'Arthur Young, lors de son passage à Bordeaux, en Août 1787.

A ce propos, on nous permettra encore un autre souvenir que nous tenons d'un vieillard de qui nous avons appris bien des particularités curieuses sur notre ville. La rue Neuve, longtemps centre du haut commerce de Bordeaux, servait d'entrepôt à une très-grande partie des denrées coloniales que l'on y transportait des quais, par les traîneaux. Cette rue, en y entrant par celle de la Chapelle-Saint-Jean, offrait une montée assez rapide pour qu'il fût nécessaire aux bouviers de lancer vivement leurs bœufs, toujours très-chargés. Or, un habitant du quartier avait un perroquet fort intelligent qu'il tenait sur sa fenêtre et le malicieux oiseau ne manquait jamais, quand passaient les bœufs vivement aiguillonnés, de pousser un coup de sifflet des plus aigus des mieux accentués. Immédiatement tous s'arrêtaient et les bouviers désappointés vomissaient contre *l'aüzel el soun meste* des torrents d'injures.

terminer avec un ennemi d'autant plus redoutable .
qu'il était intérieur et qu'il agissait dans l'ombre,
on constituait contre lui deux corps d'armée ayant
pour chef supérieur un maréchal de France, le duc
de Mouchy et obéissant directement, l'une au comte
de Périgord, l'autre au marquis de Faudoas.

Une ordonnance royale, en date du 4 novembre,
règle ce régime complètement militaire, cette mise
des étables en état de siège. Voici ses dispositions
les plus remarquables. « Il est ordonné à tous sujets
du roi, de quelque qualité et condition qu'il soit,
dans l'étendue des provinces de Guienne, Gascogne,
Languedoc et autres, ravagées par la maladie épizootique... d'obéir à tous ordres et instructions qui
seront donnés par le maréchal de Mouchy et le
comte de Périgord, ou par ceux qu'ils en auront
chargé en leur absence...

» Les troupes du roi feront dans les métairies,
étables, écuries, granges et autres lieux où les bestiaux pourraient être renfermés, toutes visites et
perquisitions qui seront jugées nécessaires, ainsi
qu'il leur sera ordonné par les commandants en
chef, ou officiers qu'ils en auront chargés. Il est
fait défense à toutes personnes, de quelque qualité
et condition qu'elles soient, de leur faire refus ou
de les troubler, à peine de 500 livres d'amende.

» Il est ordonné aux troupes, d'employer la force
en cas de résistance, et ceux qui auraient fait résis-

tance, seront jugés selon la rigueur des ordonnances, par l'intendant et commissaire départi, conformément à l'arrêt du conseil d'État de ce jour. »

D'une manière générale trois points principaux étaient signalés, comme motifs de ce nouveau déploiement de troupes, il s'agissait :

1° D'empêcher la maladie de s'étendre dans l'intérieur du royaume ; de la repousser derrière la Garonne, rive gauche ;

2° De garantir les parties saines au delà de la Garonne, tant du côté des landes et de la mer que du côté des vallées au pied des pyrénées ;

3° Il s'agissait encore de tout ce qu'il serait convenable d'entreprendre, pendant l'hiver, dans l'intérieur du pays infecté.

Pour les travaux de surveillance et de police qu'ils devaient exécuter, *les officiers, soldats, cavaliers, dragons* étaient envoyés par détachements dans chaque paroisse infectée. Là, accompagnés d'une personne experte, chirugien, vétérinaire ou maréchal, ils devaient, concurremment avec les paysans, procéder à la purification des étables. Un supplément de solde de deux sous par jour leur était accordée, sans préjudice de nombreuses gratifications.

Voici en quoi consistait cette purification :

« On regrattera les murs et on enlèvera les pavés des étables. On y allumera du feu ; on y brûlera du soufre et du nitre ; on les lavera avec l'eau chaude, et on les blanchira partout. On brûlera ou on enfouira le fumier et les ustensiles qui y ont été renfermés. On varlopera les auges, et on lavera soigneusement avec le vinaigre dans lequel on aura fait infuser de l'ail. Enfin, on n'y fera rentrer les bestiaux que le plus tard qu'il sera possible. »

Les archives départementales, qui sont aussi celles de l'ancienne province de Guienne, nous ont offert plusieurs comptes, tant particuliers que généraux, des frais nécessités par ces opérations. En voici un fourni par les consuls de Golfech en Agenais :

4 Manœuvres pour nétoyer granges, crèches, etc..........................	4^{liv}	00^s
3 barriques chaux à 3^f 10^s............	10	10
Journées de maçons pour blanchir la grange	8	08
Une journée à un homme (sans doute un soldat) qui assista lors de la purification des granges.............	4	04
	24	02

A Condom, la chaux, dont on devait faire une très-grande consommation, ayant manqué, on brûla du foin et du bois pour faire de la cendre que l'on employait aussi comme désinfectant.

Voici une ordonnance de paiement qui prouvera

mieux encore la part active des soldats dans les travaux dont il s'agit. « Vu le certificat de M. le comte d'Ary, major du régiment de Foix, du nombre d'hommes qui ont été employés à la désinfection des étables, dans le pays de Marsan ; il est ordonné au sieur Pouget, commis à la recette générale des finances servant près de nous, de payer à l'officier chargé des détails du régiment de Foix, la somme de 2,014 liv. 10 s., pour être distribuée aux hommes du régiment qui ont été employés à la désinfection des étables, à raison de 10 s. par jour.... A Bordeaux, 27 Juillet 1775. »

La police proprement dite comprenait une foule de détails qu'il serait trop long d'énumérer avec soin et dont l'expérience avait successivement démontré l'urgence. Ainsi la force armée avait ordre d'arrêter les mendiants qu'elle rencontrait dans la campagne, d'abattre les chiens errants : tout cela considéré avec raison comme pouvant aider au transport et à la diffusion du germe épizootique. Les pâturages, les abreuvoirs communs, excitaient aussi son attention. Il en était de même à l'égard de certaines pratiques dont le danger était évident ; ainsi celle qui s'était répandue d'attacher à un piquet en plein champ un sujet attaqué pour l'y laisser mourir. Dans bien des cas aussi son intervention consistait à isoler, à mettre en interdit des paroisses, des quartiers, des maisons et jusqu'à des étables isolées. Elle consis-

tait encore à veiller aux pratiques d'assommement
et d'enterrement dont nous parlerons ci-après.

Comme grandes mesures à seconder, indépendamment de celles qui nous restent à exposer, la force
armée avait aussi reçu mission, on vient de le voir,
de contenir la maladie sur les points où elle était,
de lui assigner des bornes et de la refouler de plus
en plus.

« La Garonne, disaient les instructions, est la
seule barrière que l'on puisse opposer avec quelque
certitude, aux progrès de l'épizootie ; il faut donc
déterminer les mesures qui doivent être prises sur
la rive droite, celles qui doivent être prises sur la
rive gauche de ce fleuve, et enfin celles qu'il con-
vient de prendre sur la Garonne elle-même. »

Dans le premier cas et si la maladie passait sur
la rive doite de la Garonne, comme cela avait déjà
eu lieu, il fallait assommer avec célérité les sujets
atteint et les enterrer suivant les règlements ; desin-
fecter, diriger les bestiaux sains sur la rive gauche,
les faire passer par lieux infectés et les conduire
au moins à une lieue du fleuve. L'intention de S. M.
étant de ne laisser subsister sur la rive droite et sous
quel prétexte que ce puisse être, aucune bête attaquée de l'épidémie, ni même aucune de celles qui
avaient habité avec elles. Si la maladie venait à se
déclarer sur la rive droite et assez loin de la ligne
pour qu'il fût impossible de faire refluer les sujets

atteints, dans ce cas il fallait les assommer moyennant l'indemnité du tiers de la valeur. Il fallait aussi assommer ceux, quoique sains, qui avaient vécu avec eux, mais en payant toute leur valeur. Enfin, si la maladie faisait, sur la rive gauche, des progrès assez rapides pour embrasser un grand nombre de paroisses, comme cela s'était vu dans le diocèse de Toulouse, il fallait dépeupler absolument la partie infectée, soit en assommant, soit en faisant refluer vers la ligne.

Sur la rive gauche de la Garonne, il était tellement important, pour garantir l'intérieur du royaume, de faire de ce fleuve une barrière insurmontable à la contagion, qu'il ne fallait pas se borner seulement à la chasser de tous les lieux situés sur la rive droite, mais qu'il fallait encore la faire reculer de plus en plus et la tenir éloignée de cette première rive, par les mêmes moyens ci-dessus énumérés. De la sorte, le pays où l'on avait fait le vide devait rester absolument dépourvu de bestiaux jusqu'à nouvel ordre, et les troupes devaient y faire des patrouilles pour empêcher le repeuplement.

Les instructions reconnaissaient cependant qu'en obligeant les propriétaires à se priver de leurs bestiaux, il fallait songer aussi aux moyens de suppléer à ce défaut capital pour la culture des terres et elles ajoutaient que c'était-là un des objets dont il importait le plus de s'occuper.

En conséquence, toutes les facilités possibles
étaient données pour pouvoir se munir d'animaux
de trait, tels que chevaux, mulets, ânes, et S. M.
allouait une gratification à tous ceux qui faisaient
passer et vendre ces animaux. Elle voulait aussi
que les bœufs enlevés fussent payés en deux fois,
afin qu'on eût les fonds nécessaires pour ces sortes
d'achats. Par décision du 8 janvier 1775, d'ailleurs
renouvelée plusieurs fois, une prime de 24 liv. était
payée par chaque cheval ou mulet de charrue vendu
sur les marchés de Libourne, Agen, Condom et
généralité de Bordeaux. L'animal objet de cette prime
était marqué sur la cuisse de la lettre P.

Les instructions dont nous nous occupons, excitaient aussi la charité des riches en faveur des culti-
vateurs pauvres et malheureux, et Dieu merci ce
n'était pas en vain. « On a vu plusieurs exemples,
disaient-elles, de ce genre de charité vraiment
éclairée, dans l'intérieur des provinces dévastées
et, en particulier, dans le Languedoc. Plusieurs
seigneurs ont réuni leurs aumônes pour acheter une
certaine quantité de chevaux et de mulets, qu'ils
ont alternativement prêtés aux pauvres métayers de
chaque communauté. »

Enfin des opérations étaient également prescrites,
comme devant avoir lieu sur la Garonne elle-même.
D'après ces prescriptions, défense absolue était faite
à tout batelier, d'effectuer le passage des bêtes à

cornes d'une rive sur l'autre. Des pôteaux étaient dressés, rappelant cette défense, et la nuit les barques y étaient enchaînées et les clefs des cadenas remises au commandant du poste le plus voisin. Une ligne de troupe *garnissait la Garonne depuis son embouchure jusqu'à sa source.* Les postes étaient très-resserrés, surtout depuis l'embouchure de la Baïse jusqu'au-delà de Carbonne et même de Mazère qui se trouve à quinze lieues au-dessus de Toulouse.

« Les troupes de M. le Maréchal de Mouchy, disaient encore les instructions, seront employées à garder les bords de la Garonne depuis Castel-Sarrazin, jusqu'à son embouchure et surtout à désinfecter et à garantir l'Agenais. Celles de M. le comte de Périgord garderont la Garonne depuis Castel-Sarrazin jusqu'à sa source ; surtout elles repousseront la maladie de la rive droite sur la rive gauche et l'y maintiendront. »

Par dépeuplement, ou refluement, on entendait une mesure d'après laquelle les animaux, toujours dans la zone infectée, devaient quitter les lieux de leur habitation, pour être conduits à des distances souvent fort éloignées.

« A l'égard de ceux qui seront reconnus sains, on les fera refluer dans l'intérieur des pays infectés, en les conduisant par les chemins et dans les endroits qui seront déterminés ou aux ateliers de salaison, suivant ce qui sera prescrit. Cette émigration se fera par troupeaux et non toute à la fois, si le nombre est trop considérable. Chaque propriétaire fournira environ 10 livres de foin pour la nourriture de chacun des bestiaux par journée de marche.... Les bestiaux qui devront émigrer seront marqués sur le champ, sur l'épaule droite, avec un fer chaud, de la première lettre du nom de la communauté et et d'un numéro. »

A l'égard de cette marque, un autre règlement portait que toute bête attaquée par l'épizootie devait être marquée, par un fer chaud à la cuisse droite, de la lettre E, et toute bête guérie, de la lettre G.

» Dès que les bestiaux seront arrivés dans la paroisse désignée, la distribution en sera faite aux particuliers qui se seront présentés pour les recevoir, à la charge d'en payer la valeur, si dans un an ces bestiaux ne sont pas morts de la maladie épizootique... » Tout cela à peine de 500 livres d'amende à l'égard des contrevenants.

On comprendra sans peine combien devaient être grandes et nombreuses les difficultés soulevées par de pareilles mesures; justes en principe, mais bien pénibles, bien regrettables en application. Il paraît effectivement qu'elles eurent de très-bons résultats, particulièrement quand on pût, par ce moyen, arriver à l'isolement des animaux sains, au milieu de contrées d'ailleurs favorables à leur santé. « L'isolement sauva beaucoup de bêtes à cornes : c'est ainsi que fut préservé le bétail de la vallée de Larboust, au sud de Bagnères-de-Luchon ; on le sequestra aux environs du lac de Seculego, situé vers les plus hautes cimes des Pyrénées. Celui de plusieurs endroits des Landes de Bordeaux, n'aurait pu échapper malgré toutes les ressources de l'art, aux ravages de cette maladie, si l'on n'avait pris la même précaution (1). »

Si l'isolement avait été toujours possible, et par rapport aux lieux et par rapport aux soins et à la vigilance des hommes chargés de l'effectuer, nul doute qu'il n'y eût eu là un puissant moyen d'étouffer la maladie. Vicq-d'Azir en cite un exemple extrêmement remarquable. « Un seigneur du Bigorre, dit-il, craignant pour les bestiaux qu'il avait en très-grand nombre dans ses terres près d'Ossun, fit construire ; au milieu d'un herbage, une étable très-vaste pour les y renfermer. Il en confia le soin à la garde d'un domestique affidé, qui avait ordre de ne jamais quitter ses bestiaux, de n'entrer dans aucune métairie, et de ne permettre l'entrée de la sienne à personne. La conservation entière du troupeau fut, pendant longtemps, le fruit des veilles de l'homme de confiance. Les voisins, dont les pertes étaient continuelles, s'en montraient en quelque sorte

(1) M. J. Thore : *Promenades sur les côtes du golfe de Gascogne*

jaloux. Un jour le gardien, trop rassuré peut-être par
ses succès, oublia de fermer la porte de l'étable et
s'absenta un moment. La curiosité bientôt y porta
la contagion. Un voisin voulut voir et toucher ces
animaux, que des précautions sages et bien enten-
dues avaient jusqu'alors conservés. Le surlende-
main la maladie se déclara parmi eux et les enleva
en peu de temps les uns après les autres. »

C'est grâce à un système pareil, à ce qu'il paraît,
que le Bazadais dut l'avantage d'être en grande partie, préservé de la maladie. « M. Bourriot, subdélé-
gué de Bazas dans le dernier siècle, était très-versé
dans les sciences. Ce fut lui qui arrêta, en 1774,
par des mesures sanitaires et préventives, le développement d'une maladie épizootique qui régnait
alors dans le Midi, et qui avait atteint le bétail
bazadais (1). »

Quant à l'accomplissement de la mesure elle-
même, aux moyens à employer pour effectuer

---

(1) M. Bourriot avait un frère, chanoine de Bazas et qui lui
succéda dans sa subdélégation. Très-versé dans la physique,
il contribua à perfectionner les sphéromètres et les lunettes
achromatiques. « Il possédait un beau cabinet de physique,
dont il avait exécuté les instruments lui-même. Il en avait in-
venté un très-ingénieux pour mesurer la réfraction, et qui
produisait l'achromatisme à volonté. Il est parlé de cet estimable ecclésiastique dans le Journal des Savants, décembre
1772. » (J. O'Reilly : *Hist. de Bazas.*)

l'isolement sur une grande échelle et pour des
paroisses entières, ce devait être encore une occasion
de bien des embarras et l'on comprend aussi de
quelle nature devait être, dans les campagnes, le
spectacle de ces émigrations exécutées sous la direction de la force armée. Hommes et bêtes ne quittaient
qu'à regret leurs demeures habituelles. Les uns et
les autres parcouraient, la tristesse dans le cœur, les
sentiers détournés qui leurs étaient assignés et le passant qui les rencontrait, loin d'échanger avec les conducteurs ces souhaits, ces propos joyeux, familiers
aux campagnards, se mettait à l'écart et les regardait passer, comme si c'eût été un convoi funèbre.
D'ailleurs ces rencontres ne pouvaient le surprendre
et la troupe émigrante s'annonçait au loin, aussi bien
par le retentissement de ses pas, que par des cris
qui étaient aussi un des symptômes de la maladie.
Effectivement, il était des bêtes, au témoignage d'un
des écrits du temps, qui mugissaient, qui hurlaient,
donnaient tous les signes d'une frayeur profonde,
et semblaient avoir ce pressentiment d'une mort
prochaine, que l'on observe dans les hommes pes-
tiférés (1).

On était extrêmement rigide sur ces matières, la
résistance aux ordres de dépeuplement entraînait
des punitions sévères et toute tentative d'introduc-

(1) De Secondat : *Mémoires*, etc...

tion de bestiaux, dans une contrée dépeuplée, était passible d'une amende de 500 liv., sans préjudice de la prison.

En 1776 encore et le 17 août, l'intendant écrivait à un M. Lafon de Montplaisir, près d'Agen : « Il ne m'est pas possible de consentir en ce moment à ce que vous achetiez des bestiaux dans une paroisse pour les introduire dans une autre. L'état de ma généralité, relativement à l'épizootie, n'est pas encore assez certain.... (1) »

Un autre fait qui peut trouver place ici, bien qu'il s'agisse d'une tentative bien plus grave encore que la simple introduction d'un animal, prouvera tout à la fois, et l'énergie déployée contre cette introduction, et la difficulté de faire adopter ces mesures : par les populations rurales, qui n'y voyaient qu'une violence : par l'autorité locale, qui n'en comprenait pas mieux la raison. C'est encore une pièce puisée à la même source, une décision prise par l'intendant J.-E.-B. de Clugny, le 28 février 1776 :

« Vu l'ordonnance du 14 du présent mois... condamne les nommés Duluc; Dumartin, jurat de la Cajunte ; Monségur, maréchal-expert de la dite communauté et le nommé Ducusso ; jurat de la paroisse de Laque, à la peine de la prison et en des

_____

(1) *Archives départementales.*

amendes, pour avoir introduit des bœufs malades dans la dite paroisse de la Cajunte. En outre, la grange du nommé Duluc à être détruite et les matériaux brûlés, pour avoir enterré un bœuf dans la dite grange... L'officier commandant le poste établi à Arzac, ayant envoyé un sergent et deux fusilliers pour sequestrer lesdits bestiaux, ledit Duluc prit la fuite ; le jurat de son côté refusa de rendre compte au dit officier-commandant de la conduite du dit Duluc. Il dit au contraire au sergent qu'il n'y avait point de bêtes en contravention dans le dit lieu. Lorsque le sergent voulut engager ce dit jurat de se rendre auprès du commandant, il s'assembla environ trente hommes, à la tête desquels était le maréchal-expert, lequel prenant le fait et cause du jurat et du particulier fraudeur, défia le sergent de faire marcher le dit jurat, lequel encouragé par la population défia aussi qu'on le fît marcher et dit qu'on n'avait qu'à l'esseyer.... »

Combien de difficultés du même genre, combien de rixes plus violentes encore, ne devaient pas provoquer toutes ces mesures, dont le but était cependant si utile et si légitime? Ce n'est pas d'aujourd'hui, on le voit, que les intentions de l'autorité sont méconnues, ses moyens paralysés, le bien qu'elle voudrait faire rendu impossible, par l'ignorance et la crédulité des uns, par l'intérêt et la mauvaise foi des autres.

3

Une autre mesure d'une importance non moins grande et d'une application non moins difficile, ce fut l'interdiction des foires et des marchés, la suspension momentanée de ces réunions de commerce, dans les pays infectés. Déjà, en 1711, pareille mesure avait été adoptée en Italie et, en 1714, en France.

Cette mesure, plusieurs considérations capitales la commandait: D'abord, le contact entre les animaux, qu'il fallait éviter; en second lieu, l'empressement des propriétaires à se défaire de sujets soupçonnés atteints, qu'il fallait arrêter; en troisième lieu, la disposition des maquignons et des bouchers à profiter de ces occasions d'achats avantageux, qu'il fallait retenir : sauf à régler autrement le mode d'approvisionnement de ces derniers, ce que fit du reste l'arrêt du conseil du 14 mars 1775.

Dès le 16 septembre 1774, un arrêt du conseil avait donc ordonné la suspension des foires et des marchés.

Conformément à cet arrêt, le 18 avril 1775, l'intendant statuait en ces termes : « A compter du jour de la publication de notre présente ordonnance, la tenue des foires et marchés, dans lesquels le commerce des bêtes à cornes a eu lieu jusqu'ici à certains jours et à des époques fixes, demeurera suspendue et sera interdite jusqu'à nouvel ordre, dans toutes les villes et communautés situées dans l'étendue des subdélégations de Bayonne, Dax, Saint-Sever et Mont-de-Marsan, nous réservant de restreindre ou d'étendre cette défense par des ordres subséquents et suivant l'exigence des cas... »

Plus tard, le 24 mars 1776, cette exigence s'étant manifestée, la défense de tenir foires et marchés de bêtes à cornes, est étendue à toutes les localités de la rive gauche de la Garonne, à peine de confiscation et de 300 liv. d'amende. Il faut croire qu'il en fut ou qu'il en avait été de même pour celles de la rive droite : ce qui ressort évidemment des pièces que nous allons avoir à citer relativement à cette défense.

Les foires rurales étaient et sont encore une nécessité, alors que celles des villes, il faut bien le reconnaître, perdent tous les jours de leur importance. En outre, on sait combien ces réunions plaisent au cultivateur, qu'elles tirent de son isolement et à qui elles créent des relations nécessaires, quand elles ne sont pas trop multipliées. On comprendra donc, et les réclamations de la part des intéressés, et celles, bien plus nombreuses et bien autrement vives, des personnes dont on contrariait les goûts, dont on froissait les habitudes. On comprendra aussi, de la part de l'autorité, son énergie à persister dans une mesure qu'elle croyait impérieusement commandée par le désastre dans lequel on était plongé.

A ce sujet, le 9 septembre 1776, l'Intendant écrivait encore à M. Duvivier, chevalier de Saint-Louis, à La Sauvetat par Marmande. « Quant aux foires de bestiaux à grosses cornes dont vous désireriez le rétablissement dans vos cantons, je souhaiterais bien pouvoir adoucir la rigueur des règlements qui ont été faits à ce sujet, pour prévenir la renaissance de l'épizootie, mais cela ne m'est pas encore possible.... »

Voici également un exemple des résistances qu'il fallait vaincre pour assurer l'exécution de ces règlements. Il s'agit d'un homme qui avait voulu introduire des bœufs à la foire du 15 août, à Monclar. A ce sujet l'Intendant écrivait, le 31 août 1776 à M. Feilhe, juge royal du dit lieu : « J'ai reçu la lettre que vous m'avez écrite le 25 de ce mois, en faveur du nommé Petiton qui a été arrêté à l'occasion d'une révolte arrivée au sujet d'une foire de bestiaux. Je verrai par l'information que M. Maydieu doit faire s'il a eu part ou non à cette rebellion. Si comme on vous l'a dit, il est innocent je le ferai remettre en liberté ; mais s'il se trouve coupable j'en ferai un exemple qui en imposera. »

Malgré toutes les mesures capitales que nous venons d'énumérer et toutes les mesures secondaires dont nous n'avons pu faire le détail complet, l'épizootie ne s'apaisait pas ; ou, si elle cédait sur un point, c'était pour en envahir d'autres et même

pour reparaître plus tard là où on croyait l'avoir dé-
finitivement vaincue. Dans cette situation, aussi bien
pour les contrées infectées que pour celles qui n'auraient pu manquer de l'être à leur tour, on songea
enfin au moyen le plus extrême, le plus rigoureux
qu'il fût possible d'employer; à ce moyen qui consiste, comme dans les incendies, à faire le vide en
avant du fléau, à l'arrêter par l'isolement, par le
sacrifice volontaire des victimes qui eussent entretenu son activité et assuré sa marche. On eut recours
à l'abattage de tous les animaux malades ou non, à
l'assommement ou occision.

Sur cette matière, on avait déjà l'arrêt du conseil
du Roi du 18 décembre 1774. On avait celui du
30 janvier 1775, prescrivant l'abattage de toutes les
bêtes malades, jusqu'à concurrence de dix dans une
commune et moyennant indemnité du tiers de la
valeur. Enfin vint celui du 15 janvier 1776, exécuté
le 25 juin suivant et portant qu'il serait procédé à
l'abattage, non-seulement de toutes les bêtes malades, mais encore de toutes celles qui avaient communiqué avec elles.

Cette manière d'agir n'était pas sans précédents,
ni chez les anciens, ni chez les modernes. Chez les
anciens, on pouvait citer, d'après Columelle (1),

_____

(1) *Re rustica*, L. VII, ch. V.

les conseils donnés, pour de pareils cas, par l'auteur égyptien Bolus de Mendesum. On pouvait citer aussi ceux donnés par Virgile, pour la brebis qui cherche l'ombrage, effleure la pointe de l'herbe, tombe sur le gazon et se traîne au bercail :

Qu'elle meure aussitôt, le mal prompt à s'étendre
Deviendrait sans remède à force d'en attendre.

Chez les modernes, on avait l'opinion de Lancisi, célèbre vétérinaire italien ; l'approbation donnée à cette opinion, en 1714, par la Société des médecins de Genève ; l'application de ce moyen, faite à la même époque, sur l'avis de médecins anglais, application qui avait amené le sacrifice de 6,000 têtes de bétail.

Vicq-d'Azyr, dont les avis avaient motivé cette décision suprême, avait dit, comme conséquence des raisons par lesquelles il l'appuyait : « D'après l'exposition de ces vérités terribles, mais dont aucune ne peut être révoquée en doute, il est évident que le parti le plus sûr est celui d'assommer, non-seulement tous les bestiaux malades, mais encore les bestiaux sains qui ont communiqué avec eux, et de désinfecter, non-seulement leurs étables, mais encore celles où il a séjourné anciennement des bestiaux suspects.

« Ce moyen violent étouffe le germe pestilentiel dès sa naissance et ne lui permet pas de se développer de nouveau. Si, en même temps, on détruit les traces les plus anciennes de la contagion, l'on doit espérer le plus grand succès de la combinaison de ces moyens. »

Au surplus l'administration, de son côté, ne pouvait pas se refuser à entrer dans cette voie, après l'insuccès des mesures difficiles et coûteuses qu'elle avait déjà expérimentées; après l'aveu qu'elle avait consigné, en ces termes, dans son mémoire instructif de Janvier 1775. « Enfin, il n'y a d'armes contre cette contagion, que de tuer et de séparer. Il serait indispensable de tuer tout ce qui est infecté, pour sauver l'état entier menacé d'un fléau destructeur. »

Ces armes, on y eut effectivement recours; des ordres furent donnés, ils étaient impitoyables et la force armée dut en assurer l'exécution, sans égard pour aucune des considérations qui pouvaient être présentées et nonobstant toute résistance. Comme la contagion avait cependant paru abandonner la partie inférieure de la rive gauche de la Garonne, ce ne fut que dans la partie supérieure de cette rive, de Toulouse à Leyrac, que la mesure fut appliquée et néanmoins elle embrassa encore une grande étendue de pays, donna lieu à de nombreux sacrifices et induisit le trésor public à des dépenses telles qu'on aurait peine à les admettre aujourd'hui, si des comptes authentiques n'en avaient prouvé l'exactitude.

Il y a quelques instants, à propos de la mesure
bien sévère aussi de dépeuplement, nous cherchions
à faire comprendre tout ce qu'avait de regrettable,
tout ce qu'avait de profondément attristant, l'exécution de cette mesure. Maintenant que dirons-nous de
celle-ci ; que dirons-nous de la sensation, de la
stupeur qu'elle dut causer dans des campagnes déjà
appauvries, chez des populations déjà éprouvées,
déjà démoralisées par tant de désastres; que dirons-
nous, enfin, des détails de sa mise en pratique, des
scènes d'abattoir dont chaque commune, chaque
hameau dut avoir le douloureux spectacle ?

A cet égard encore et pour sa pratique en elle-
même, on put invoquer des règlements antérieurs,
l'arrêt du conseil d'état du 10 avril 1714, l'arrêt du
parlement de Paris de l'année 1748. D'après toutes
ces décisions et conformément aux règlements inter-
venus pour la circonstance présente, des fosses
étaient creusées à la distance au moins de 100 toises
de toute habitation ; l'animal était conduit sur le
bord de ces fosses et l'on s'arrangeait de manière
qu'il y tombât, ou au moins qu'il fût facile de l'y
faire glisser, après avoir reçu le coup mortel. Nul
débris, nulle souillure ne devaient rester à l'extérieur après l'opération et, pour prévenir des larcins
qui eussent présenté un grave danger, sa peau était
tailladée de manière à lui ôter toute valeur pour la
tannerie.

Ah ! sans doute , quelle que soit son intelligence, quelle que soit l'affection qu'il avait méritée et à laquelle il avait paru répondre, l'animal n'est pas notre semblable; il n'est pas digne des regrets que nous accordons à celui-ci , des soupirs qu'il nous arrache. Et, cependant, que de larmes répandues autour de ces fosses , que de cris répétés par les solitudes voisines, à la suite du coup de massue annonçant un sacrifice nouveau ; la perte, pour la famille , du sujet qu'elle avait vu naître , qu'elle avait entouré de ses soins; la perte, pour le laboureur, de l'auxiliaire, du compagnon de ses travaux ! Au surplus, qu'elle soit violente ou naturelle, la mort de l'animal avec lequel nous avons vécu, et l'on sait qu'effectivement dans nos campagnes le métayer vit avec ses bœufs, est toujours une séparation qui afflige, un motif de regret qu'on n'est pas libre de surmonter.

Quelques fois même ces exécutions prenaient un caractère plus dramatique, plus émouvant, si c'est possible, et l'animal, habituellement calme et paisible, appréhendé par le mal, épouvanté par les défiances et les précautions dont il était l'objet, rompait ses liens et se sauvait dans la campagne, où l'on était forcé de le poursuivre comme une bête fauve. Dans la paroisse de Fargues notamment, près de Casteljaloux, l'on poursuivit ainsi au travers de la lande et l'on tua à coup de fusils, une vache échappée et devenue furieuse.

Quand l'animal était mort, quand l'étable était
vide, avant de procéder à la désinfection dont nous
avons déjà parlé, les règlements imposaient encore
l'obligation de brûler tous les objets qui avaient servi
à son usage, principalement les harnais. Ils imposaient aussi l'obligation d'enterrer sa litière et son
fumier à deux pieds de profondeur au moins, le
tout sous peine de 200 livr. d'amende. Des indemnités étaient allouées pour tout cela, ainsi qu'on le
voit entr'autres par le compte suivant fourni par les
consuls de la commune de Golfech, en Agenais, le
6 mars 1776.

Chez Albarèt :

Courroies de cuir.	5	
2 Couvre-Joug.	2	8 liv.
Paille et Fourrage.	1	

Longtemps, dans nos campagnes, le souvenir de
tous ces faits s'était conservé et il était peu de localités qui n'eussent à y ajouter quelque particularité
plus ou moins curieuse. Mais des événements de
nature bien plus sérieuse et bien plus importante
encore, une révolution politique, ne tardèrent pas
à se produire et le souvenir de la grande épizootie
du dernier siècle s'affaiblit progressivement, pour
disparaître tout-à-fait avec la génération qu'elle
avait si gravement atteinte, si profondément affligée.

Pour compléter un tableau que nous nous sommes

efforcé, non sans peine, de renfermer dans ses plus
étroites limites, quelques mots encore sont nécessaires. D'abord, nous devons parler des pertes qu'eût
à subir la culture, dans une partie essentielle de
son capital actif et de celle, vraiment effrayante,
qu'eût à supporter le trésor public. Or, on aura l'i-
dée de cette première, d'abord en nombre, par le
relevé suivant produit par une seule subdélégation,
celle de Leyrac, pour les bœufs seulement, sans
compter ni vaches, ni veaux, morts ou abattus.

	Existaient.	Ont péri.
Paroisse de Berrac.	34	34
— Dunes.	334	123
— Larroque.. . . .	32	32
— Lamonjoie. . .	100	94
— St-Médard. . .	78	74
— St-Martin. . . .	37	36
— Astaffort. . . .	274	224
	889	617

Ainsi, dans quatre paroisses, tout ou presque
tout avait disparu et, sur les sept figurant dans cette
note, la perte avait été de *plus de soixante-neuf
pour cent*.

Quant à la valeur de ces pertes, on en aura également une idée par un autre document de l'époque.
« L'extrait des états fournis par les subdélégués de
la généralité de Bordeaux, des plus pauvres habi-

tants des paroisses de leurs subdélégations qui ont perdu des bestiaux par la maladie épizootique. »

Subdélégation de Saint-Sever. .	516,634	li	5	s
— Bordeaux. . .	110,046		0	
— Condom. . . .	35,138		0	
— Nérac.	35,040		0	
— Agen	11,670		0	
— Bazas.	8,717		0	
— Périgueux. . .	4,028		0	
	721,273		5	

Vers la fin de l'épizootie il est vrai, Vicq-d'Azyr avait cru pouvoir donner l'avis de sauver les cuirs des animaux en les désinfectant. « L'humanité, la justice, l'avantage de l'état, disait l'ordonnance du 10 Janvier 1776, exigent qu'on fasse au moins tous ses efforts pour sauver la dépouille de l'animal que l'épizootie fait périr. La chaux offre un moyen de désinfecter sûr, facile et peu coûteux. » Mais écrivait le médecin Dufau, de Dax, cette permission est arrivée trop tard pour nous, qui avons enterré au moins 60,000 cuirs, en vertu des arrêts du conseil.

Quant aux pertes du trésor public, à la rigueur on pourrait s'en faire une idée en songeant à toutes les grandes mesures que nous avons déjà signalées : à la mise en campagne de deux armées, dont une commandée par un Maréchal de France; aux différents services médicaux organisés et entretenus ; aux in-

demnités bien insuffisantes cependant accordées aux
propriétaires; aux dilapidations inséparables de semblables désastres. Tout cela, d'après le sentiment
d'un savant et bien estimable vétérinaire, Grognier,
peut être porté au capital énorme pour le temps de
plus de *vingt millions de francs !*

Plusieurs fois, dans le cours de ce récit, nous
avons insisté sur les souffrances qu'avaient à endurer
les habitants des campagnes à ces tristes époques.
Certes, nous l'avons dit également, il était indispensable alors de multiplier et d'activer l'action
d'une administration, toujours douce et protectrice
quand elle n'a qu'à surveiller, mais rigoureuse et
sévère quand il faut qu'elle réprime ou qu'elle
punisse. Il était non moins indispensable de transporter au sein des campagnes la force qu'en temps
ordinaire elles connaissent si peu et dont elles ont
si peu besoin. De là, nécessairement et inévitable-
ment, bien des froissements, bien des excès, bien des
abus. Aussi pourrions nous montrer le pauvre cultivateur, sur quelques points et dans quelques circonstances, ne sachant ce qu'il devait redouter le
plus : ou de l'épizootie qui le ruinait, ou de la protection dont il était l'objet et qui ajoutait encore à
sa désolante situation.

Mais laissons dans l'oubli de tels détails ; ne reve-
nons pas sur d'affligeantes particularités, tout-à-fait
inévitables en pareils moments, avec tant de règle-

ments , au milieu d'un déploiement de forces aussi
considérables et sur tant de points à la fois. Tournons
nos regards sur une intervention que devait nécessairement accompagner là douceur et la charité.
Telle fut effectivement et généralement celle des
Évêques dont les diocèses avaient eu le plus à souffrir de l'épizootie : ceux de Toulouse, de Condom,
de Tarbes, de Lectoure, d'Auch : « Ils ont aussi
contribué, disait Vicq-d'Azyr, autant qu'il était en
eux, à disposer les peuples à l'obéissance, et à assurer l'exécution des ordres du roi. »

Comme l'illustre médecin, qui proclamait cette
pièce un monument à jamais respectable d'éloquence
et de patriotisme, terminons cette narration par
quelques extraits de la lettre pastorale adressée, le
25 décembre 1774, aux curés de son diocèse, par
l'Archevêque de Toulouse, E.-L. de Loménie de
Brienne, depuis si étroitement lié aux évènements
de la révolution.

Après avoir rappelé tous les conseils, toutes les
pratiques reconnues les plus efficaces contre l'épizootie, le prélat annonce qu'il va s'adresser à qui
de droit, pour savoir si les indemnités données en
Guienne, pour les pertes d'animaux, le seront aussi
dans son diocèse. « Il me serait pénible, ajoute-t-il,
de ne pas voir tous les pauvres de ce diocèse espérer
les mêmes consolations. » Puis continuant, il dit
que s'il n'en est pas ainsi, c'est à lui qu'il appartient

de réparer ce tort. « Notre bien leur est consacré ;
et quel meilleur usage puis-je faire de celui que je
possède, que de le répandre dans leur sein pour
adoucir leur malheur ! » Enfin, faisant allusion aux
demandes nombreuses de pratiques, de démonstra-
tions qui lui étaient demandées, par une foi plus
vive qu'éclairée, il ajoute : « C'est à vous, M. le Curé,
à éclairer la dévotion du peuple, et à la diriger de
manière que, sans rien perdre de sa ferveur, elle
n'aille pas, par des pratiques superstitieuses, con-
trarier les vrais principes du Christianisme, ou, par
un éclat indiscret, ajouter encore aux alarmes
publiques.... C'est dans nos églises, c'est aux pieds
des autels que Dieu veut être fléchi. C'est au milieu
de nos saints mystères, et dans ces jours particulièrement consacrés au Seigneur, qu'il veut être
prié...! »

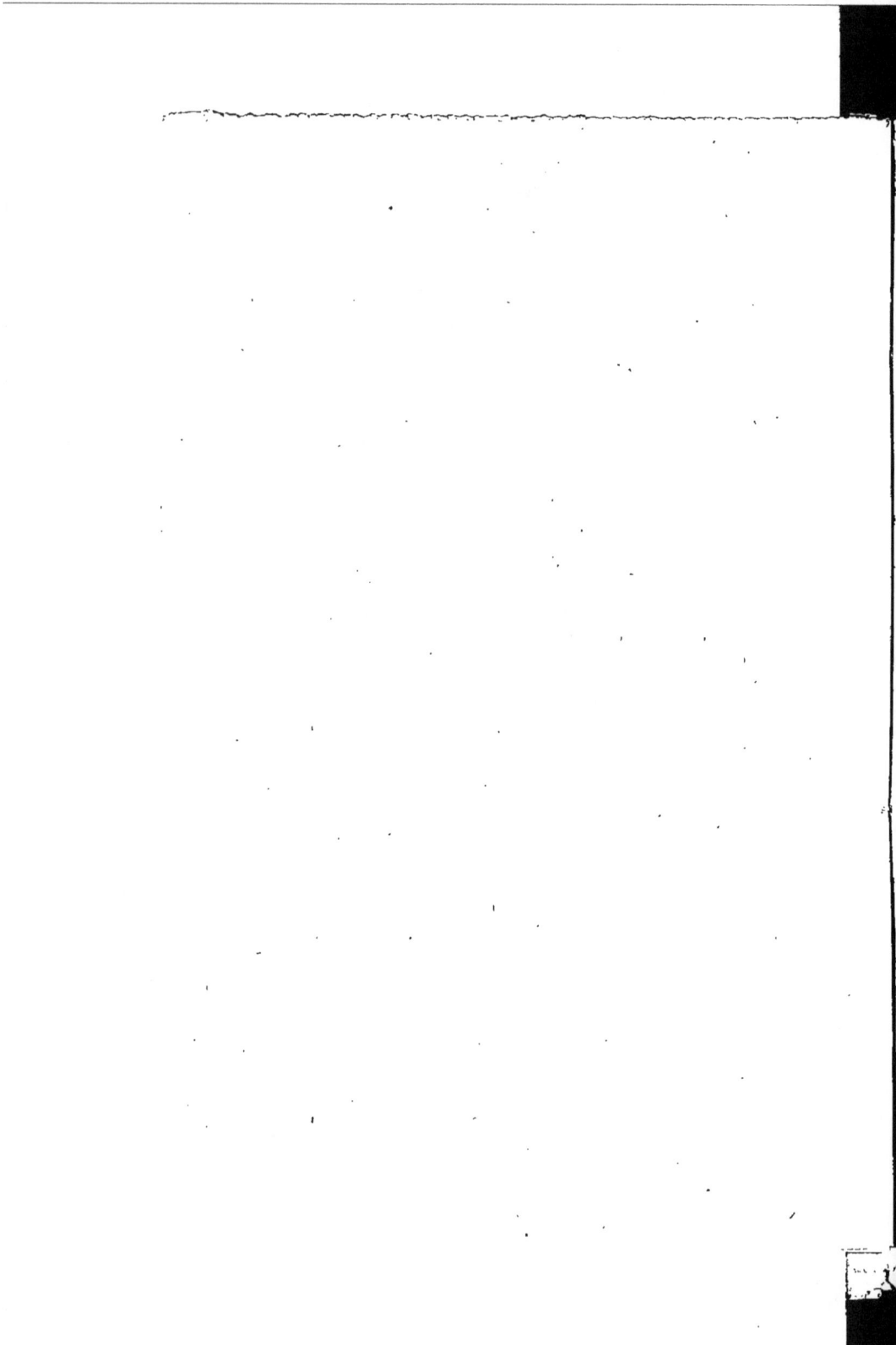

NOTIONS

DE

ZOOLOGIE RURALE

AVEC DES APPLICATIONS PRINCIPALEMENT

AU DÉPARTEMENT DE LA GIRONDE

INTRODUCTION

> « Qu'est-ce que l'homme, Seigneur, pour
> » que vous vous souveniez de lui ?... Vous
> » avez tout mis à ses pieds, les troupeaux,
> » les bêtes de somme, et les animaux qui
> » paissent dans les champs ! »
>
> (DAVID : *Psaume VIIIᵉ.*)

Comme nécessité indispensable, la culture de la terre trouve son explication dans ces paroles de Dieu, adressées au premier homme : *Tu mangeras le pain à la sueur de ton visage!*

Comme source des produits nombreux exprimés ici par ce mot *pain*, cette même culture trouve dans les deux règnes organisés, animaux et végétaux, tous les avantages, toutes les facilités qui devaient accompagner cette rigoureuse sentence.

Le premier de ces règnes surtout, le règne animal, lui offre tout à la fois, et des auxiliaires

puissants pour l'accomplissement des rudes travaux,
qu'elle comporte, et des objets, des produits les plus
indispensables à l'existence et au bien-être de
l'homme.

Cette idée d'une immense adoucissement apporté
à des peines qui eussent été bien plus grandes sans
cela; cette idée, d'une association des plus heu-
reuses du travail qui féconde et du produit qui
remunère, l'auteur du poème de *L'Agriculture* l'a
parfaitement exprimée, dès le début du chant consacré aux animaux domestiques :

O vous, qui de la terre exercez la culture,
Vous dont elle reçoit ses biens et sa parure,
Mortels, que de travaux imposeraient ses lois,
Si seuls et sans secours, vous en portiez le poids !
Le Ciel à ses travaux soumit la race humaine;
Mais il punit en père, et modérant la peine
Sous le pouvoir de l'homme il lui plut de ranger
D'utiles animaux prompts à la partager.

(Rosset : *L'Agriculture*, ch. Vᵉ.)

Bien au-dessus, à ce point de vue, des végétaux
qu'il multiplie, qu'il soigne et dont il tire cependant
de si grandes ressources, les animaux peuvent
mettre à la disposition de l'homme, une intelligence souvent très-perfectionnée, une force de
beaucoup supérieure à la sienne, des matériaux
d'alimentation impérieusement réclamés par son
organisation, des substances d'une grande valeur

pour les arts, enfin cette matière précieuse en économie rurale, base de tout produit, condition essentielle de toute fertilité : l'engrais.

Mais ce qui concourt encore à rendre précieux les animaux domestiques en général et en particulier ceux dont fait usage la culture, ce sont les dispositions naturelles dont les a doués le Créateur ; ce sont les mœurs, les penchants, les habitudes, dont il les a pourvus : contrairement à ce que l'on constate d'analogue chez les autres animaux ; chez ceux qu'il n'a été ni possible, ni utile, de soumettre à l'état de domesticité.

« Quand on pourrait apprivoiser les lions et les ours, dit un ancien auteur, jamais on ne parviendrait ni à les faire labourer, ni à porter des fardeaux. Je veux bien encore qu'on les y puisse amener : mais se réduiront-ils jamais à l'herbe des champs pour toute nourriture ? L'éducation ne change point leur nature même, et s'il fallait les nourrir selon leurs inclinations, libertins et carnassiers comme ils sont, ils ruineraient bientôt le maître, au lieu de le soulager dans son travail. Tout au contraire, la plupart des animaux domestiques dépensent peu et travaillent beaucoup. Ils aiment mieux la maison de l'homme que leur propre liberté. Ils sont pleins de force, et ne s'en servent que pour lui. Ils lui obéissent comme à leur seigneur. Le premier ordre qu'il leur donne est suivi de la plus prompte obéissance. Quelle récompense attendent-ils de leurs services ? Un peu d'herbe, même la plus sèche, ou le moindre de tous nos grains leur suffit. Les viandes les plus délicates n'ont pour eux aucun attrait ; ils s'en détournent plutôt comme d'un poison. Des inclinations si sobres et si avantageuses pour nous, sont-elles dues à nos soins ? Est-ce notre industrie qui les a fait naître ! Non, assurément, et on les a appelées, avec raison, un des plus beaux présents de Dieu (1) ».

Écoutons enfin un autre auteur, dans le résumé éloquent qu'il fait des services nombreux et variés dus aux animaux domestiques, à ceux compris sous la dénomination commune de bétail. « Le cheval et les autres animaux semblables (âne, mulet) se trouvent sous la main de l'homme, pour le soulager dans son travail, et pour se charger de mille fardeaux. Ils sont nés pour porter, pour marcher, pour soulager l'homme dans sa faiblesse, et pour obéir à tous ses mouvements. Les bœufs ont la force et la patience en partage, pour traîner la charrue et pour labourer. Les vaches donnent des ruisseaux de lait. Les moutons ont, dans leur toison, un superflu qui n'est pas pour eux, et qui se renouvelle pour inviter l'homme à les tondre toutes les années.

---

(1) Pluche : *Le spectacle de la nature.*

Les chèvres même fournissent un crin long, qui leur est inutile, et dont l'homme fait des étoffes pour se couvrir (1). »

ARTICLE PREMIER.

Généralités sur la Zoologie et ses divisions scientifiques.

La différence capitale que l'on constate, dans la nature, entre les êtres doués de la vie et les autres productions nombreuses privées de cette faveur, a dû servir dès longtemps, à établir, entre ces productions, une ligne de démarcation nette et profonde. Dès longtemps aussi, il a été facile de faire deux grandes parts des êtres vivants et de séparer, les uns des autres, les végétaux et les animaux.

Ces grandes divisions, éminemment naturelles, nous les trouvons admises dans les livres les plus anciens, et les premiers naturalistes, aussi bien que ceux de nos jours, n'ont fait faute de s'y astreindre (2).

C'est encore ainsi qu'ils ont établi deux sciences

---

(1) Fénelon : *Traité de l'existence de Dieu.*

(2) Dans son ouvrage *Systema naturæ*, publié pour la première fois le 25 Juillet 1725, le célèbre Linné formulait ainsi ces mêmes divisions : *Lapides crescunt; vegetabilia crescunt et vivunt; animalia crescunt, vivunt et sentiunt.*

s'occupant, l'une des végétaux, la botanique (du mot grec *herbe*); l'autre des animaux, la zoologie (de deux mots grecs *discours sur les animaux*).

A l'égard de ces derniers, ils ont fait observer qu'ils avaient à remplir trois sortes de fonctions bien distinctes, tout à la fois caractères particuliers de leur nature et conditions de leur existence: *Nutrition, reproduction, relation.*

Obligés d'admettre des sous-divisions dans le vaste domaine du règne animal, ils y ont d'abord créé, en se basant sur les dispositions fondamentales de l'organisation, quatre grands embranchements : les *vertébrés*, les *mollusques*, les *articulés*, les *rayonnés*.

Voici les bases essentielles de ces quatre grandes sous-divisions :

Les *Vertébrés*, ont tous intérieurement un squelette ou charpente osseuse; une colonne épinière composée d'un nombre plus ou moins grand de vertèbres, se terminant antérieurement par la tête et postérieurement par la queue, chez les espèces qui en sont pourvues. L'homme, le cheval, le chien, etc..., font partie de cette division.

Les *Mollusques*, n'ont ni squelette ni forme bien déterminée. Leurs organes essentiels sont protégés par une peau molle et flexible. Chez quelques espèces, cette peau est en outre recouverte d'une production calcaire à laquelle on donne le nom de coquille. Les limaces, les huîtres, etc.. font partie de cette division.

Les *Articulés*, doivent leur enveloppe à une série d'anneaux tranverses, mobiles les uns sur les autres et assez solides pour protéger les organes intérieurs de la nutrition et autres et pour servir de point d'appui à leurs membres. quand ils en sont pourvus. C'est dans cette division que se trouvent les insectes, les vers, etc...

Les *Rayonnés*, ont une organisation tellement simple, surtout chez quelques-unes de leurs espèces, qu'ils embarrassent souvent les naturalistes sur le fait de savoir si ce sont des animaux ou si ce sont des végétaux : d'où vient qu'ils les ont également nommés *Zoophytes*, mot qui signifie *animaux-plantes*.

Les vertébrés, on le comprend sans peine puisqu'ils occupent le premier rang dans l'échelle de l'animalité, sont aussi ceux qui fournissent en général le plus grand nombre d'espèces domestiques, et, à l'agriculture, le plus grand nombre aussi des espèces sur lesquelle elle étend sa domination.

Avant de citer ces espèces, mentionnons encore les nouveaux fractionnements qu'il a été nécessaire de faire subir aux vertébrés, pour faciliter leur étude et pour obéir aux différences de détail que la nature a mises entre eux.

C'est ainsi qu'on en a d'abord formé deux grandes sections : les vertébrés à sang chaud et les vertébrés à sang froid.

Pour les premiers, le mécanisme de la respiration est tel, qu'il entretient chez eux une température indépendante de celle de l'atmosphère; température qui leur est garantie, soit par les poils, soit par les plumes dont ils sont ordinairement couverts (1).

Pour les seconds, ce mécanisme, beaucoup plus simple, les laisse en rapport direct avec la température du milieu où ils se trouvent, aussi leur peau est-elle habituellement nue ou couverte d'é-cailles : tels sont les reptiles, les poissons, etc.,

Dans la section des vertébrés à sang chaud, on distingue encore ceux pourvus de mamelles, les mammifères, pour allaiter leur petits qui naissent vivants, d'où encore le nom de *vivipares*; et ceux privés de ces organes, les oiseaux, dont les petits sortent d'un œuf, d'où encore le nom *d'ovipares*. Dans la section des vertébrés à sang froid, se rangent les reptiles et les poissons.

Les mammifères admettent encore des ordres ou familles, des genres et des espèces en très-grand nombre; car on sait combien est riche la nature, combien sont variés les êtres qu'elles peut offrir à notre étude.

---

(1) Les hommes qui n'ont reçu de la nature ni poils ni plumes, suppléent à ce secours accordé aux autres vertébrés à sang chaud, par les vêtements qu'ils doivent à leur in-dustrie.

Nous n'avons pas besoin, de bien s'en faut, de connaître tous ces ordres et leurs sous-divisions, la culture n'ayant emprunté qu'à un très-petit nombre les animaux dont elle fait usage : aux carnassiers (IIIe), aux pachydermes ou brutes (VIIe), aux ruminants (IXe).

Elle a emprunté aussi, et dans une large proportion, à la seconde classe de ce premier embranchement zoologique, aux oiseaux.

Quant aux autres de ces grands embranchements, les mollusques, les articulés, les rayonnés, un seul pourrait nous intéresser : celui des articulés, dans lequel sont rangés les insectes.

ART. II.

Classification des Animaux admis dans l'économie rurale.

Les détails purement scientifiques, dont nous venons de nous occuper un moment, nous permettraient déjà d'établir une sorte de classification des animaux admis dans l'économie rurale. Ce serait la plus logique; car, sur ce point encore, la théorie sage et raisonnable ne s'éloigne pas autant de la pratique vraie et sincère qu'on se plaît généralement à le dire.

Il nous serait également possible, en nous basant uniquement sur cette pratique, d'établir un ordre

4

d'après lequel nous pourrions répartir, par divisions, les animaux dont il s'agit : selon l'intérêt qu'a la culture à s'en occuper, selon les services et les produits qu'elle en retire.

Bien qu'il ne nous soit pas possible de nous assujettir, par des raisons que nous exposerons ci-après, pas plus à la première qu'à la seconde de ces classification, nous allons néanmoins indiquer cette dernière.

Ainsi, l'on pourrait établir les quatre divisions suivantes :

1° *Division*. — Animaux admis dans l'économie rurale pour le travail et pour le produit : le bœuf;

2° *Division*. — Animaux admis pour le travail seulement : le cheval, l'âne, le mulet;

3° *Division*. — Animaux admis pour le produit seulement : le mouton, la chèvre, le porc, les animaux de basse-cour, l'abeille, le vers-à-soie, etc.;

4° *Division*. — Animaux admis pour des services en dehors du travail et du produit : le chien, le chat, etc.

Cette classification, on le voit serait bien simple et bien pratique; cependant nous ne pourrons pas la suivre, à cause de l'obligation où nous sommes de parler de chacun des animaux qui doivent nous occuper, eu égard à leur importance rurale et sans nous inquiéter de la nature spéciale de cette importance.

Nous ne le pourrons pas non plus, à cause de la nécessité où nous sommes de nous borner, pour le moment, à un très-petit nombre d'espèces, à deux seulement.

Nous procéderons donc d'une manière plus libre, nous occupant d'abord du bœuf, puis du mouton : ces deux pivots essentiels de l'économie rurale.

ART. III.

Le Bœuf.

> « ... Tout ce qui a besoin de nourriture
> « la doit aux bœufs..... Nulle nation ne
> « peut se passer de bœufs ».
>
> (VÉGÈCE : *Prologue*, L. III.)

« Le mot bœuf, dit l'illustre Cuvier, désigne proprement le taureau châtré ; dans un sens plus étendu, il désigne l'espèce entière, dont le taureau, la vache, le veau, la génisse et le bœuf ne sont que différents états ; dans un sens plus étendu encore, il s'applique au genre entier, qui comprend les espèces du bœuf, du buffle, du yak, etc., »

Comme nous considérons ici ce mot dans le second sens, dans le sens général, nous dirons que l'espèce bœuf (*Bos domesticus*) est formée d'animaux de la classe des mammifères herbivores et de l'ordre des ruminants.

Nous ajouterons encore que, toujours dans le

sens général et pratique, cette espèce a d'autres désignations admises et communément usitées en langage agricole. Ainsi, on dit, conformément à l'étymologie latine : *l'espèce bovine, la race bovine.*

§ I.

Caractères zoologiques du Bœuf.

1° Quatre estomacs : le *panse* ou *herbier* ; le *réseau* ou *bonnet* ; le *feuillet* ; la *caillète.*

2° Pieds terminés par deux doigts (*didactyle*) et par deux sabots se touchant par une face aplatie et formant un sabot unique et fendu. C'est là ce qui fait que l'on a donné aux ruminants, à l'égard desquels ce caractère est constant, le nom d'animaux à *pieds fourchus* (1). A la partie postérieure de

---

(1) Voilà pourquoi, parmi les revenus de l'ancienne municipalité bordelaise, figurait le produit de ce qu'on appelait *Droit du pied fourchu.* « Levra le fermier de ce droit sur » chaque bœuf, 20 liv. ; sur chaque vache, 12 liv. ; sur » chaque livre de veau, pesant 40 onces, 2 sols 6 deniers, » et chaque veau se pèsera vivant par les bouchers en pré- » sence des commis ou fermier, conformément à l'arrêt du » conseil de Février 1758 et aux peines y portées. Levra » aussi, le dit fermier, sur chaque mouton, 20 sols ; sur » chaque agneau et chevreau qui se vendront aux *barres de* » *la clide* (halle grillée qui existait sur la place du marché), » 5 sols ; sur chaque brebis, bouc ou chèvre, 12 sols ; sur » chaque pourceau et truie, 7 liv., pour l'ancien et nouveau » droit... »

chaque pied, deux ongles ou vestiges de doigts latéraux.

3° Pas de dents incisives à la partie antérieure de la mâchoire supérieure, seulement un bourrelet calleux.

4° A la mâchoire inférieure, huit dents incisives, larges et en forme de palettes : après ces dents et de chaque côté, un espace libre. Puis douze molaires à chaque mâchoire, six de chaque côté, en tout vingt-quatre. Ces molaires ont une couronne large et marquée de deux doubles croissants, dont la convexité est en dedans pour les supérieures, en dehors pour les inférieures. Les mouvements des mâchoires, pour la mastication, a lieu d'une manière presque circulaire, comme les meules d'un moulin.

5° Oreilles longues et mobiles.

6° Front plat et large. Cornes creuses, rondes, persistantes, de longueur et de direction très-variables.

7° Mufle large, épais, court, à peau fine, sans poil et presque toujours humide.

8° Langue garnie de petits crochets, durs, pointus, dirigés en arrière et qui la rendent dure.

9° Fanon ou replis de la peau, lâche et pendant le long de la face antérieure du cou.

10° Treize paires de côtes.

11° Quatre mamelles inguinales.

12° Genoux gros, saillants ; jambes courtes, fortes ; queue terminée par un flocon de poils.

§ II.

étails physiologiques sur la digestion, tant du Bœuf que des autres espèces domestiques herbivores ruminantes.

Avant d'aller plus loin, nous croyons opportun de consigner ici quelques détails sommaires, sur le phénomène de la digestion chez les herbivores en général, et particulièrement sur celui de la rumination, auquel se trouve soumis le bœuf, comme nous l'avons dit, de même que le mouton et la chèvre.

On désigne, sous le nom commun de digestion, une suite d'opérations par lesquelles les animaux en général, retirent, des substances dont ils se nourrissent, les matériaux qui doivent assurer leur existence et fournir à leur développement.

La digestion est, pour eux, tout à la fois une œuvre mécanique et une œuvre chimique, et la nature les a pourvus des organes et des sucs nécessaires à cette œuvre complexe.

Les aliments sont d'abord introduits dans la bouche.

Là, ils sont divisés par les dents, imbibés par la salive et réduits en une matiére qui prend le nom de *Bol alimentaire.*

Cette matière, par une suite de contractions,

constituant la déglutition, passe de la bouche dans
ce qu'on appelle l'œsophage, ou sorte de canal
situé le long du cou et destiné à la conduire dans
l'estomac.

L'estomac est l'organe essentiel de la digestion.
Il consiste en une sorte de sac flexible dans lequel
les aliments, déjà réduits en bouillie, subissent
une transformation complète, sous la double influence des contractions de ce viscère et de l'action
dissolvante d'un suc acide qu'il a la propriété de
secréter, le *Suc gastrique* (1).

Dans ce nouvel état, ils forment une pâte homo-
gène, molle, grisâtre, que l'on nomme *Chyme* (2)

Quand le chyme a été suffisamment élaboré, il
sort de l'estomac et passe dans les intestins.

C'est dans ces derniers que se termine la digestion, par le concours de deux nouveaux agents :

---

(1) Selon les chimistes, le *Suc gastrique* est un liquide qui
contient de l'acide lactique, de l'acide chlorhydrique libre,
du sel marin, et une substance toute spéciale nommée *pep-
sine*. Il est secrété par la membrane muqueuse de l'intérieur
de l'estomac et possède une très grande propriété dissolvante.

(2) D'un mot grec : suc, humeur.

Cette pâte ou bouillie est légèrement visqueuse, son
odeur est acide, sa saveur douce avec un arrière-goût d'a-
mertume. Elle rougit le papier bleu végétal.

la *Bile* (1) et le *Suc pancréatique* (2). Alors deux
parts sont faites du chyme : l'une qui est appelée
Chyle (3) et que l'animal retient pour se nourrir :
l'autre qui constitue les excréments et qu'il rejette
au dehors.

Ces phénomènes, que nous venons d'exprimer
aussi succinctement que possible, constituent, nous
le répétons, l'ensemble de la nutrition, considérée
d'une manière générale et pour tous les animaux
sans distinction.

Maintenant, en nous bornant aux quadrupèdes
seulement, il nous serait facile de citer bien des
détails établissant, dans la forme, des différences
nombreuses et profondes, selon les grandes divi-

---

(1) Matière, ou liqueur, ordinairement verte et amère,
produite par le foie aux dépens du sang et éminemment
propre, si non à dissoudre, au moins à émulsionner les
substances grasses et à les présenter aux vaisseaux qui
doivent les absorber.

(2) Cet autre suc paraît destiné à transformer l'amidon en
dextrine et en sucre.

(3) « Le chyle est un fluide blanchâtre, qui a l'apparence
» du lait, l'odeur de la fleur du châtaignier, et une saveur
» douceâtre ; il se sépare des aliments, déjà modifiés dans
» l'estomac au moment où ils passent dans les premiers gros
» intestins, et il est absorbé par les vaisseaux qui le con-
» duisent dans les veines, pour réparer les pertes que le
» sang éprouve continuellement. »

sions établies par les naturalistes parmi ces animaux.

Au nombre de ces différences, les plus capables de nous intéresser sont celles dont la cause est prise dans la nature des aliments consommés.

Sous ce rapport effectivement, il est possible de faire des animaux dont il s'agit trois divisions principales : les herbivores ; les carnivores ; les omnivores, selon que leur alimentation est empruntée ou exclusivement ou seulement principalement, aux herbages ou à la chair, ou qu'elle provient de ces deux sources.

Les organes qui répondent le plus directement à ces trois cas et peuvent au besoin en devenir la preuve, sont les dents et les intestins.

Les carnivores (du latin *carnis* et *vorare*), ayant tout à la fois à trancher, à déchirer et à broyer leurs aliments, possèdent un système dentaire commandé par cette triple nécessité. On y voit des dents incisives, pour trancher ; des dents canines, pour déchirer ; des dents molaires, pour broyer.

La figure première représentant la tête d'un chien, animal carnivore, fait parfaitement comprendre ces détails.

Fig. 1.

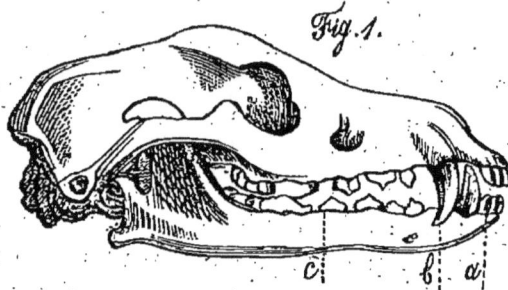

c   b a

Les caractères distinctifs du genre chien (*Canis*) empruntés au système dentaire, sont ainsi décrits, par les naturalistes : « Six incisives en haut et autant en bas, *a*; deux canines à chaque mâchoire, *b*; douze molaires supérieures et douze ou quatorze inférieures, *c*. » En tout 40 à 42 dents.

Les herbivores, (du latin *herba* et *vorare*) au contraire, ayant, à ce premier point de vue, beaucoup moins à faire, ont un système dentaire plus simple. En général, leurs mâchoires ne présentent que des dents incisives et des dents molaires à couronnes tout-à-fait plates.

Chez les ruminants même, cette simplification est encore plus grande. Ces animaux devant tondre l'herbe plutôt que la trancher, ce n'est qu'à la mâchoire inférieure qu'ils ont des incisives; la supérieure n'offrant, sur ce point, qu'un bourrelet calleux. Puis, après une espace vide , viennent en haut et en bas , de fortes molaires.

La figure 2ᵉ, représentant une tête de bœuf, fait encore comprendre ces différences.

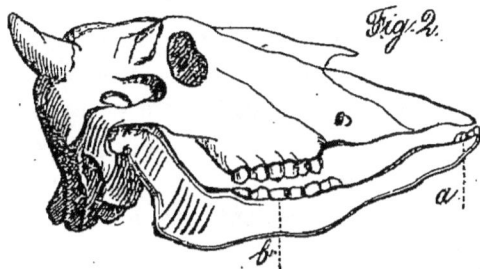

Fig. 2.

Voici également les caractères distinctifs du genre bœuf (*Bos*) empruntés au système dentaire : « Huit dents incisives à la mâchoire inférieure , *a* , toutes larges et en forme de palettes; de chaque côté un espace libre. Douze molaires à chaque mâchoire, *b*, six de chaque côté. » A la mâchoire supérieure absence d'incisives , où elles se trouvent remplacées par un bourrelet calleux.

Après le système dentaire , les intestins accusent aussi , par leur longueur, les différences dont il s'agit.

Chez les carnivores, qui usent d'une nourriture riche en sucs assimilables , l'acte de cette assimilation est prompte et rapide. Il ne serait même pas

sans danger que de telles matières, sujettes à se
corrompre, restassent trop longtemps dans le corps
de l'animal. Aussi leurs intestins, siége principal de
cette assimilation, sont ils relativement courts.

C'est ainsi que les intestins du lion, qui se nourrit de proies vivantes, ont environ *trois fois*
seulement la longueur du corps de cet animal.

Au contraire, chez les herbivores, la nourriture
n'abondant pas en sucs assimilables, il faut en prendre
beaucoup et la garder longtemps, pour en extraire
les principes alimentaires, et voilà pourquoi chez
ces derniers les intestins ont une très grande
longueur. Ceux du bélier égalent souvent *vingt-huit
fois* la longueur de son corps.

L'homme qui est l'omnivore par excellence,
accuse aussi ces diverses necessités : ses dents sont
des trois sortes, (8 incisives, 4 canines, 20 molaires).
Ses intestins, par leur longueur, tiennent le milieu
entre ceux des deux grandes classes des carnivores
et des herbivores. Ils ont *cinq à six* fois la longueur
de son corps, huit à neuf mètres environ (1).

On remarque aussi que lors de l'expulsion des
excréments, plus encore chez les carnivores, ces

_____

(1) Le genre de nourriture a une influence tellement directe
sur la longueur du canal digestif, que le chat sauvage a
l'intestin de moitié moins long que le chat domestique,
devenu omnivore par cette domesticité.

matières répandent déjà des odeurs qui témoignent d'un état avancé de décomposition et du danger qu'il y aurait eu à les conserver plus longtemps dans le corps.

Après ces généralités sur la digestion, nous devons faire remarquer les différences essentielles qu'elle offre chez les animaux que nous élevons, sous le nom de bêtes à cornes, chez les ruminants.

Ces animaux, compris dans les herbivores, ont la propriété de mâcher deux fois leurs aliments : circonstance encore à l'appui de l'infériorité de ces aliments, comparativement à ceux empruntés directement à la chair; et à l'appui aussi de la nécessité de les soumettre à un travail digestif plus long et plus compliqué.

Cette circonstance a également sa raison dans l'état de nature, car tout est harmonie dans cette nature, et que l'on explique ainsi : « Ces animaux essentiellement herbivores, ont besoin d'une grande quantité de matières digestives, et, comme dans la vie sauvage, ils sont exposés aux embûches ou aux attaques d'un grand nombre d'ennemis, il leur faut brouter précipitamment les matériaux de leur alimentation, pour fuir plus vite les pâturages auxquels ils s'étaient rendus (1). »

----

(1) *Dict. univ. d'Hist. nat.*

5

Qui ne comprend ici combien l'agriculture, de son côté, se trouve favorisée par ces mêmes dispositions? Sans doute, dans l'état de domesticité, le bœuf pourrait paître en paix et nul danger ne le forcerait à précipiter l'acte capital de son alimentation; mais le travail que nous lui imposons exige non moins impérieusement cette précipitation, et voilà pourquoi, sous le joug, à la charrue, à la charrette, nous le voyons ruminer.

Ainsi, après avoir grossièrement concassé leurs aliments dans une première mastication, après les avoir avalés une première fois; les ruminants les font remonter dans leur bouche; revenir sous leurs dents, par un phénomène curieux qu'expliquent d'abord les dispositions toutes particulières de leur estomac.

Chez cette classe d'êtres effectivement, cet organe essentiel est multiple et l'on peut dire qu'ils ont quatre estomacs, ou au moins un estomac divisé en quatre compartiments ou cavités distinctes. La plus grande de ces divisions et la première est dite la *panse*, on la nomme encore la *double* ou l'*herbier*, fig. 3, *a*. C'est là que sont reçus et entassés les aliments, à mesure que l'animal les a, ou coupés directement dans la prairie, ou pris dans la crêche de son étable. La seconde prend le nom de *bonnet b*; elle est plus petite et à parois gaufrés.

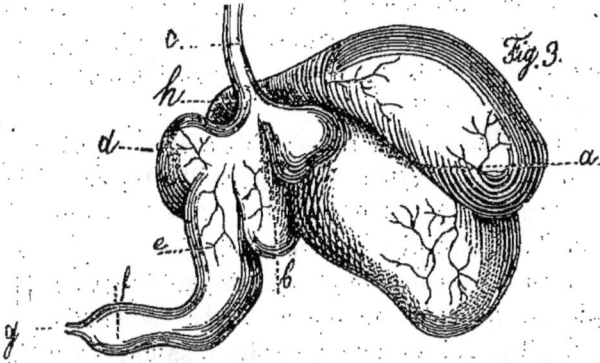

Fig. 3.

Les aliments, arrivés dans cette division, y sont
moulés en petites pelotes que la rumination fait
monter dans la bouche, afin de les soumettre à une
salivation et à une mastication véritables. Il est
facile, en examinant un bœuf occupé à ruminer, de
suivre, à travers les téguments du cou, ces pelotes
montant et descendant le long de *l'œsophage, c.*
A leur retour dans l'estomac, c'est la troisième
division de ce viscère qui les reçoit, c'est le
feuillet, d, ainsi nommé à cause des plis longitu-
dinaux, semblables aux feuillets d'un livre, qui
tapissent son intérieur. Enfin du feuillet, les
aliments passent dans la *caillette, e,* dont les
parois n'ont que des rides et produisent une liqueur
analogue au suc gastrique. C'est là qu'a lieu la vé-

ritable digestion et c'est la caillette qui fait rigou-
reusement les fonctions de l'estomac des autres
mammifères. Après la caillette vient le *pylore, f,* et
après le pylore le *duodenum, g,* ou commencement
de l'intestin grêle.

Tous ces détails sont spéciaux aux aliments solides. Les autres, les boissons passent directement
dans le feuillet et dans la caillette, sans s'arrêter ni
dans la panse, ni dans le bonnet.

« Au premier abord, on s'étonne de voir les
aliments pénétrer tantôt dans la panse, tantôt dans
le feuillet, suivant que la déglutition se fait pour la
première fois, ou que ces substances ont été déjà
ruminées, et on est tenté d'attribuer ce phénomène à
une espèce de tact presque intelligent, dont les
ouvertures de ces diverses poches seraient douées ;
mais les expériences récentes de M. Flourens
montrent que ce phénomène curieux est une conséquence nécessaire de la disposition anatomique
des parties et en donnent uue explication aussi
simple que satisfaisante.

« Lorsque l'animal avale des aliments grossiers
et d'un certain volume, comme ceux dont il se
nourrit habituellement, ces substances arrivées au
point où l'œsophage se continue sous la forme d'une
goulière, h, écartent mécaniquement les bords de
ce demi-canal, transformé ordinairement en un
tube par la contraction de ses parois, et tombent

dans les deux premiers estomacs placés au-dessous ;
mais lorsque l'animal avale des boissons ou des
aliments atténués et demi-fluides, leur présence,
dans ce demi-canal, ne détermine pas l'écartement
de ses bords. Cette portion terminale de l'œsophage
conserve par conséquent la forme d'un tube et conduit les aliments en totalité ou en majeure partie dans
le feuillet où elle se termine. C'est par conséquent
l'état d'ouverture ou d'occlusion de cette portion
de l'œsophage, qui détermine l'entrée des aliments
dans les deux premiers estomacs, ou leur passage
dans la troisième cavité digestive, et c'est l'aliment
lui-même qui décide de cet état, selon qu'il est assez
volumineux ou non, pour dilater l'œsophage, naturellement affaissé, ou pour couler dans la rigole
toujours ouverte, par laquelle ce conduit mène
vers le feuillet. Or, les aliments, lors de leur
première déglutition, ne sont qu'imparfaitement
divisés et consistent en fragments grossiers assez
volumineux, tandis qu'après avoir été ruminés, ils
sont transformés en une pâte molle et demi-fluide,
et cette circonstance suffit, par conséquent, pour
déterminer leur chute dans la panse ou leur passage
dans le feuillet (1). »

(1) Milne Edwards, *Éléments de zoologie*, p. 429.

§ III.

Naturel du bœuf.

Les bêtes bovines sont fortes et courageuses. Leurs armes sont la corne et le pied. « Un troupeau de bœufs, abandonné à lui-même, qui est menacé par un animal carnassier, se range en un cercle dans l'intérieur duquel se placent les veaux ; il présente à l'ennemi un rempart circulaire hérissé de cornes (1). »

La voix, chez ces animaux est un mugissement dont la force et le développement vont en se modifiant, du taureau au bœuf, à la vache et aux veaux et dont les modulations varient sous l'influence des passions et des besoins.

Malgré ses formes massives et la lenteur habituelle de ses mouvements, le bœuf quelquefois peut courir fort vite et il nage aussi avec un grande facilité, ainsi qu'ont eu à le constater souvent les riverains de la Garonne, lors des grandes inondations de ce fleuve (2).

---

(1) L.-F. Grognier : *Cours de Zoologie vétérinaire.*

(2) Lors de la grande inondation de la Garonne, de 1770, dans une des riches communes des environs de Marmande, un taureau n'ayant pu être retiré de son étable avant l'envahissement du fleuve, son maître le crut perdu et ce fut pour en

Ces facultés, la première surtout, il en use pour
fuir les lions et les tigres qui viennent lui faire
la chasse dans les immenses plaines du Nouveau-
Monde nommées Pampas ; là où son espèce livrée à
elle-même et devenue sauvage, s'est multipliée en
raison de l'étendue et de la richesse des pâturages (1). Cette fuite précipitée de miliers de bœufs
épouvantés, devant des animaux affamés, donne lieu
à de véritables *tempêtes vivantes* qui troublent le
calme habituel de ces déserts et dont l'approche est
annoncée, longtemps à l'avance, par le retentissement du sol. Malheur alors au voyageur qui se
trouve sur la direction des fuyards, si la terre ne

---

extraire son cadavre qu'il se rendit à l'étable dès que les eaux
se furent éloignées. Mais quelle ne fut pas sa surprise à la vue
de son animal plein de vie et de santé. Poussé par l'instinct
de la conservation, le taureau avait rompu ses liens et s'était
réfugié au grenier à foin, en usant pour cela d'une simple
échelle à barreaux.

(1) « Dans l'Amérique méridionale, on donne le nom de
» *Pampas* à des plaines immenses souvent dépourvues de
» cours d'eau, mais qui, au lieu de ressembler aux déserts de
» l'Afrique ou aux steppes de l'Asie, sont ordinairement
» couvertes de riches pâturages, qui nourrissent aujourd'hui
» les bestiaux et les chevaux sauvages importés jadis au
» Brésil et au Pérou. Ces plaines sont généralement basses; le
» climat y est chaud, humide et si mal sain, que les hommes y
» atteignent rarement l'âge de cinquante ans. » (J. J. HUOT :
Géographie physique).

lui offre aucun refuge, s'il n'a le temps de s'y creuser une retraite, le choc dont il est menacé ne peut être comparé qu'à celui d'une formidable locomotive lancée à toute vapeur.

Le bœuf a un sommeil court et léger et que trouble le moindre bruit. Comme il se couche ordinairement du côté gauche, le rein de ce côté, fait encore observer M. L. F. Grognier, est toujours plus gros et plus chargé de graisse que celui qui est opposé.

Quoiqu'en apparence peu intelligent, le bœuf est cependant susceptible d'une certaine instruction, au moins de celle qu'exige son travail habituel. Il comprend son maître, il lui obéit et il n'est pas rare, dans nos contrées surtout où l'on entend si bien le soin de ces animaux, de le voir s'attacher à son maître et lui donner des signes non équivoques de son affection (1).

---

(1) Au concours régional de Périgueux, en 1855, un taureau s'étant mutiné, les gens de service aidés des soldats de garde, voulurent le ramener au devoir; mais la difficulté devenait de plus en plus grande et le danger augmentait, quand heureusement survint le maître de l'animal déjà furieux Il fit signe de s'éloigner, seul il s'avança, en chantant quelques paroles d'une chanson patoise : aussitôt le taureau pencha la tête et ayant reconnu cette voix, il se calma et se laissa traiter comme il l'avait toujours fait.

Dans la Girouде, dans les landes de l'arrondissement de Bazas et sur les bords solitaires du Ciron, un jour d'été, deux

Mais ce qui est bien plus facile à constater, c'est l'amitié qui peut s'établir entre deux bœufs, formant un attelage et habitués à travailler ensemble.

Deux bœufs facilement s'accoutument ensemble ;
Plus encor que leur joug, l'amitié les rassemble.
Il disputent de soins ; par des efforts égaux,
Leur mutuelle ardeur s'aide dans les travaux.
Si la mort les sépare, on voit celui qui reste,
De son frère chéri pleurer le sort funeste.

(ROSSET: *L'Agric.* ch^t. V^e.)

Le taureau peut engendrer à un an et la génisse plus jeune encore ; mais on doit s'opposer à cette précocité dans l'intérêt des individus et dans celui de la race. La chaleur se manifeste ordinairement au printemps.

La vache porte neuf mois, elle est bonne mère et son veau est tenu dans la plus grande propreté.

Il faut deux ans à ce jeune élève pour atteindre

---

petits pâtres gardaient leurs troupeaux. Pour se distraire ils se baignaient, lorsque tout-à-coup survient un loup qui entre aussi dans l'eau et se saisit d'un de ces enfants. Mais la bête carnassière avait compté sans le taureau du troupeau de sa victime. Celui-ci l'attendait résolument sur le rivage et lui montrant ses fortes cornes le retint assez longtemps pour permettre l'arrivée du secours qu'avaient attiré les cris de l'autre enfant.

en hauteur et en longueur tout son développement.
Celui de la grosseur dure beaucoup plus longtemps
et le genre d'emploi de l'animal exerce ici une influence beaucoup plus marquée.

Le temps de la plus grande force est de cinq à
neuf ans.

Le terme de la vie, quand il est naturel, de
quinze à dix-huit.

§ IV.

Histoire de la domesticité du bœuf.

La conquête et la soumission du bœuf furent,
pour l'homme, deux résultats d'autant plus précieux,
que cette espèce se trouve une de celles remplissant
le mieux, au point de vue de la domesticité, les
conditions dont un estimable auteur appréciait ci-
dessus les grands avantages.

Ces résultats, il y a sans doute bien longtemps
qu'ils ont été réalisés ; car la Genèse fait mention
du bœuf et l'origine agricole de cet animal se trouve
soumise aux mêmes incertitudes que celle du fro-
ment. C'est ainsi que les naturalistes l'ont cru des-
cendu de l'Aurochs ; mais l'Aurochs a quatorze
paires de côtes tandis que le bœuf n'en a que treize.
C'est ainsi encore qu'avec plus de certitude, Georges
Cuvier a vu son type originaire dans les débris

fossiles qu'offrent certaines tourbières , du *Bos primigenius.* Le grand naturaliste pense que la civilisation aurait en quelque sorte absorbé ce type, comme elle paraît avoir absorbé ceux de la plupart de nos espèces domestiques. Ainsi, d'après M. Flourens, « la souche primitive du cheval n'existe pas plus aujourd'hui que celle du bœuf... La souche du chameau et du dromadaire est également perdue. Il faut en dire autant de celle du chien (1). »

Il faudrait bien se garder en effet de considérer , comme type primitif de l'espèce bœuf, celle qui vit à l'état de nature dans plusieurs contrées du Nouveau-Monde. On sait au contraire et nous l'avons déjà dit, que l'origine de celle-ci est due à des individus domestiques importés d'Europe et abandonnés ensuite à eux-mêmes, sur d'immenses pâturages.

La Genèse, dont nous invoquions ci-dessus le vénérable témoignage, nomme le bœuf en parlant d'Abraham et de la séparation d'avec Loth à leur sortie d'Egypte, dans ses chapitres 12 et 13.

Le Décalogue défend de convoiter le bœuf de son voisin. L'Exode ordonne d'offrir des taureaux à l'Eternel. Le même livre prononce les peines les plus sévères contre quiconque dérobe un bœuf : le plus grand crime en effet chez un peuple pasteur,

---

(1) *De la longévité humaine* , p. 108-109.

ainsi que le démontrent les dispositions analogues des lois de la Germanie. Chez les Juifs, c'étaient des restitutions deux fois, cinq fois plus fortes que l'objet volé ; l'esclavage du coupable ; le droit de le tuer, s'il était surpris en flagrant-délit (1).

En Egypte, les animaux domestiques étaient l'objet d'un culte public : « Ce culte était puisé dans l'utilité dont ils étaient pour l'homme. La vache donnait naissance à des bœufs travailleurs et labou-rait elle-même un sol léger (2). »

Hésiode, aux premiers temps de la Grèce, mettait au second rang, immédiatement après la maison où devait s'abriter le cultivateur, le bœuf laboureur dont il avait besoin (3).

Homère décrivait les services de cet animal et souvent il le citait, comme terme de ses nombreuses comparaisons.

Les observations astronomiques les plus anciennes comme celles qui formèrent le zodiaque et y don-nèrent une place au taureau (Avril), témoignent aussi de l'antique emploi du bœuf ; de même que la reproduction, par la sculpture primitive, des traits et des occupations de cet animal.

---

(1) *Exode,* ch. XX.–XXII.
(2) Diodore de Sicile. L. I, § 87.
(3) *Les travaux et les Jours*

À Rome, indépendamment des fêtes publiques pour les bestiaux (*Festa babularia*), une déesse toute spéciale, *Bubona*, veillait à la conservation des bœufs. D'accord avec la religion et imitant d'ailleurs ce qu'avaient fait des peuples plus anciens, les Grecs notamment, les premières lois de ce pays considéraient comme crime le meurtre d'un bœuf, pour toute autre destination que des offrandes aux dieux.

On sait aussi que chez ce même peuple, les premières monnaies avaient été motivées uniquement par les transactions du bétail (*Pecu*), qu'elles en portaient l'empreinte et qu'elles en tiraient leur nom, *pecunia*. C'est ce que l'on voit surtout par l'*as* des premiers temps, qui était rond et pesait douze onces; par l'as de Servius, le premier des rois effectivement qui fit graver sur la monnaie des bœufs et des brebis.

On peut voir en outre, dans les auteurs géoponiques latins, combien étaient nombreuses, précises et pratiques les règles connues pour l'élève, la conduite et l'application des bœufs aux différents travaux des champs.

Chez les nations modernes, particulièrement chez celles que le climat a plus spécialement assujetties aux traditions de la culture romaine, le bœuf n'a pas cessé d'être l'animal essentiel de cette culture. Ainsi, en Italie, en Espagne, en Portugal et dans tout le midi de la France.

Ce sont ces nations également qui ont emprunté à ce même animal des genres d'exercices en rapport avec le courage et l'audace qui forment le fond de leur caractère. Ainsi, chez les Espagnols, les courses au taureau ; chez les Français du Midi, les jeux également périlleux des *écarteurs* des Pyrénées et des *ferrades* du Gard.

§ V.

Services ruraux du Bœuf.

« Non-seulement, dit le grand naturaliste français, le bœuf nourrit son maître, mais encore il est au nombre de ceux qui dépensent et consomment le moins : c'est, à cet égard, l'animal par excellence... Sans le bœuf, les pauvres et les riches auraient beaucoup de peine à vivre ; la terre demeurerait inculte dans beaucoup de lieux, sinon dans tous ; dans d'autres, les champs, et même les jardins, seraient secs et stériles : c'est sur lui que roulent tous les travaux de la campagne ; il est le domestique le plus utile de la ferme, le soutien du ménage champêtre ; il fait toute la force de l'agriculture ; autrefois il faisait toute la richesse des hommes, et aujourd'hui il est encore la base de l'opulence des états, qui ne peuvent se soutenir et fleurir que par la culture des terres et par l'abondance du bétail. »

Un coup-d'œil jeté sur la figure 4, ci-après, fera comprendre qu'il n'est pas d'animal, parmi ceux que nous élevons, mieux disposé par la nature pour vaincre de formidables résistances; pour accumuler une masse plus considérable de chair, de graisse et de suif.

Elle fera comprendre encore, cette même figure, que nul individu, mieux que celui du bœuf, n'utilise l'espace qui lui est accordé en hauteur et en largeur, puisque cet individu remplit près des trois-quarts du parallélogramme formé par ces deux dimensions; du parallélogramme ABCD, et ne laisse d'inoccupé que la portion, relativement très-peu considérable, EFCD.

L'emploi du bœuf dans les travaux rustiques, comparativement à celui du cheval qu'on peut lui substituer, constitue déjà une très-notable économie, puisque deux bœufs ne coûtent pas plus qu'un cheval (1).

Le même avantage existe encore par rapport à la nourriture; car, bien que le bœuf mange plus que le cheval, en revanche, il est plus sobre, se contente d'aliments plus grossiers, n'exige point de grains et peut vivre complètement d'herbages.

---

(1) Par rapport à la préférence donnée au bœuf ou au cheval, pour les travaux rustiques, pour le labourage surtout, l'Europe se trouve offrir deux grandes divisions, dont la limite, en France, paraît être formée par le cours de la Loire. Cette limite, au surplus, est la même que celle qu'avait atteinte l'agriculture antique, l'agriculture grecque et romaine.

Contrairement à ce que l'on a vu depuis, durant des siècles nombreux, c'est du Midi que venait la lumière, aussi bien en agriculture qu'en toute autre chose. Et cette lumière, elle s'étendit tant que le climat et les autres circonstances naturelles, sous lesquelles elle s'était produite, lui restèrent favorables.

Voilà pourquoi l'agriculture, dont Virgile a si poétiquement résumé les préceptes, est restée au fond celle de toute l'Europe méridionale; pourquoi cette agriculture a continué, conformément aux préceptes du poète, à assigner au cheval et au bœuf deux missions si distinctes :

Veut-on pour vaincre à Pise un coursier généreux ?
Veut-on pour la charrue un taureau vigoureux ?

Son mode d'attelage, à la charrue comme à la charrette, est aussi plus simple, plus facile et plus économique que celui du cheval. Il en est de même des soins qu'il réclame à l'étable et ailleurs.

Sans pousser plus loin ce parallélisme, nous ferons remarquer, avec un auteur anglais, que partout où le bœuf, pour les travaux rustiques, est remplacé par le cheval, celui-ci doit réunir, dans ses formes, son volume, sa douceur, les avantages que l'on sait être principalement, à ces points de vue, le partage du bœuf (1).

On sait enfin que la valeur du bœuf croît avec son âge, au moins dans l'existence bornée que nous lui faisons; qu'on a, en cas d'accident, la ressource de l'engraisser pour la boucherie; qu'il améliore les pâturages au lieu de les détériorer; qu'il s'accommode mieux qu'aucun autre animal de la stabulation permanente.

Le taureau destiné à la reproduction peut aussi travailler dans de certaines limites.

Quant à la vache, sa substitution, ou au moins son association au bœuf sous ce rapport, devient

----

(1) Nous croyons que cette idée est de sir John Sinclair, dans l'ouvrage de qui l'on trouve une *Comparaison entre les chevaux et les bœufs, comme bêtes de traits*. (L'Agriculture pratique et raisonnée, t. II, p. 597.)

chaque jour plus communs dans nos contrées. Sa force est moindre il est vrai d'environ un tiers, mais elle est plus leste et quelques ménagements suffisent pour concilier son travail, avec le croît qu'elle doit assurer.

§ VI.

Produits du bœuf pendant sa vie et après sa mort.

Indépendamment du travail, le premier des produits du bœuf durant sa laborieuse vie, nous devons à la femelle de cet animal, à la vache, des veaux et du lait, et, à l'espèce tout entière, l'engrais le plus abondant et le plus avantageux aux terres.

La vache donne un veau presque tous les ans, également précieux comme élève, ou pour la boucherie.

Elle donne aussi le lait dont la consommation est si grande, soit en nature, soit pour la fabrication du beurre, du fromage, etc... On sait qu'il est pour ce produit des races toutes spéciales.

L'expérience a également démontré qu'une vache peut donner, en moyenne :

Les 60 premiers jours après son
vélage . . . . 10 lit. par jour.

Les 90 jours suivants . . . . . . 8 lit. par jour.

Les 60   —   6   —

Les 30   —   4   —

Les 40   —   3   —

Ainsi 1920 lit. en 280 jours , ou 6 lit. par jour.

On sait aussi que l'animal doit payer, toujours en moyenne , 100 kilog. de foin consommé, par 40 lit. de lait.

Quant à la production du fumier, avant tout dans nos contrées c'est à l'espèce bovine que nous la devons; avec ce triple avantage que ce fumier est relativement plus abondant que celui que donneraient les chevaux, de qualité supérieure pour les terres sèches et médiocres et d'une plus longue durée.

Il serait difficile sans doute d'assigner la quantité obtenue, par tête et par an, de cette matière ; cependant des observations assez nombreuses semblent en renfermer la moyenne, pour les bœufs de travail , entre 9 à 10,000 kilog. (1).

---

(1) On a souvent voulu se rendre compte de la quantité de fumier fournie par un animal, et l'on paraît être resté d'accord sur ce point, que la quantité de fumier en poids était égale au poids de la nourriture et à celui de la litière multipliée par 2. D'où la formule suivante :

N (nourriture + L. (litière) $\times$ 2 = F. (fumier).

Mais pour ce calcul, il faut aussi que la nourriture fournie ait été, quelle que soit sa nature, ramenée à la valeur du foin normal. Ce qui peut se faire au moyen de tables données par les ouvrages spéciaux.

A sa mort, toujours prématurée, le bœuf nous livre encore une série de produits de la plus grande importance. D'abord la chair et la graisse, bases essentielles de l'alimentation publique. Une autre graisse particulière aux herbivores, située autour des reins et des viscères, et que l'on nomme suif.

Nous en obtenons encore la peau, avec laquelle on fabrique le cuir. Le poil ou bourre, indispensables aux selliers et aux fabricants de meubles. Les cornes, utiles à une foule d'arts. Les os, employés en tabletterie et pour la fabrication du produit dit *noir animal.* Le sang, recherché pour le raffinage du sucre et pour base d'un engrais énergique, etc.

ART. IV.

Races bovines de la France en général.

Par *race,* on entend des animaux d'une espèce domestique déterminée, bœuf, mouton, porc, etc, présentant dans leurs caractères généraux physiques et même moraux, des modifications et des ressemblances, dues aux influences soutenues du sol, du climat, de l'alimentation, du traitement et des autres circonstances sous lesquelles ils vivent.

Les animaux domestiques ne sont pas les seuls à former des races. Cependant c'est parmi eux que les races peuvent être plus nombreuses et plus tranchées, parce que leur genre de vie s'éloigne davantage de celui que leur eût imposé la nature ; parce que leur assujettissement, aux influences que nous venons de signaler, est plus étroite et plus soutenue.

Non-seulement toutes ces causes générales doivent être regardées comme essentiellement déterminantes des races, quand on les considère par rapport à leur ensemble et dans des contrées d'une certaine étendue ; mais il est à remarquer encore que les modifications dont sont susceptibles, celles de ces causes que commandent les besoins et l'intérêt particulier de ces mêmes contrées, peuvent encore les influencer assez profondément pour déterminer, dans les races déjà établies, des différences telles qu'il en résulte soit des sous-races, soit de simples variétés.

Ces premières explications sont bien propres à nous faire comprendre combien l'espèce bovine, si répandue sur la terre, et, partout où nous la rencontrons, si étroitement soumise à la dépendance de l'homme, doit compter de races diverses et tranchées.

Il y aurait là un bien vaste et bien curieux sujet d'étude, si nous pouvions l'entreprendre et si nous

avions pour cela toutes les données, tous les renseignements, toutes les connaissances nécessaires.
Même en nous bornant à la France, il nous serait
possible encore de nous étendre beaucoup; car
ce pays est aussi très-riche sous le rapport dont
il s'agit, et des différences tranchées s'y révèlent
quand on le parcourt du Nord au Midi, aussi bien
sous le rapport physique que sous celui des systèmes
de culture adoptés.

C'est ainsi qu'en général et considérées dans leur
ensemble, les races du Nord, comparées à celles
du Midi, offrent les différences suivantes :

Dans le nord, la taille est généralement plus
élevée, le poil plus clair, les formes plus rondes,
la peau plus souple, la fibre plus molle, le tempérament plus lymphatique.

Dans le Midi, les races sont généralement plus
petites, à poil plus foncé, à formes plus anguleuses,
à cornes plus longues, à peau plus fine et plus
serrée, à fibre plus solide, à tempérament plus
sec.

Dans le Nord, l'animal paraît plus calme, plus
lent, plus soumis.

Dans le Midi, il est plus vif, plus leste, plus in-
dépendant.

Dans le Nord, l'engraissement est plus facile que
dans le Midi et peut être poussé plus loin; cet engraissement est plus intérieur et fournit une propor-

tion plus grande de suif : ce qui explique les quantités de cette denrée que nous fournit la Russie.

Dans le Midi, c'est sous la peau que se forme principalement la graisse, dans le tissu cellulaire.

Dans le Nord, les vaches sont plus laitières et c'est à cette contrée qu'appartiennent principalement les races recherchées pour ce genre de produit.

Dans le Midi, c'est pour le travail que sont particulièrement prédisposées les races et l'on comprend dès-lors pourquoi une si profonde différence existe entre les systèmes agricoles des deux contrées, par rapport aux espèces employées : là les chevaux, ici les bœufs. Il est vrai que cette différence compte encore bien d'autres motifs.

Dans une même contrée, le séjour des plaines ou des montagnes paraît exercer sur la race une influence d'où résultent des différences assez tranchées. Toutes choses égales d'ailleurs, l'animal des plaines est plus mince, plus allongé, a le col plus long et le corps plus haut que celui des montagnes; ses cornes sont ordinairement dirigées en avant. Au contraire, celui des montagnes est plus petit, plus ramassé, plus fort; son col est plus court, ses cornes ordinairement dirigées en arrière.

Comme preuves et conséquences tout à la fois de ces généralités, voici quelles sont les grandes races bovines, les races vraiment caractérisées, les races types de la France, telles que les décrit M. le Mis de Dampierre (1).

Au point de vue du lait et de la boucherie principalement, il cite les races *normande, flamande, franc-comtoise* et *bretonne*.

On voit déjà que ces deux prédominances sont le partage de la moitié de la France à-peu-près, de toute sa partie septentrionale.

Au point de vue du travail principalement, il cite les races du *Charollais,* du *Morvan,* de *Parthenay* et de *Chollet,* du *Mans,* de l'*Auvergne,* d'*Aubrac,* du *Limousin,* de la *Garonne,* de *Bazas,* de la *Gascogne,* des *Landes* et des *Pyrénées.*

Cette seconde prédominance, celle du travail, on le voit encore, est le partage d'une autre moitié de la France, de toute sa partie méridionale.

M. le Mis de Dampierre, dit aussi sur ce même sujet : « Une seule race peut-être, en France, réunit à un haut degré les conditions essentielles aux animaux de travail et en même temps les qualités propres aux animaux de boucherie et de laiterie ; c'est la race d'Auvergne, etc. »

Or, ici encore, remarquons que l'Auvergne, les départements du Cantal et du Puy-de-Dôme, occupe à-peu-près le centre de la France et plus exacte-

---

(1) *Races bovines de France, d'Angleterre, de Suisse et de Hollande.*

ment encore au point de vue météorologique qu'au point de vue géographique ; car l'altitude de ce pays en refroidissant ses températures, le rapproche davantage du Nord et le prive en même temps de certaines cultures, telles que celle de la vigne par exemple, dont jouissent cependant toutes les autres provinces environnantes.

Ainsi, ce serait là le point, tout à la fois, de rencontre et de partage, des deux aptitudes distinctes, qui permettent de faire, des races bovines françaises, deux grandes classes. Les premières dites *races du Nord* et spécialement propres à la production du lait, de la chair et du suif; les secondes dites *races du Midi* et spécialement propres au travail.

Un auteur, très-compétent en cette matière, a fait du bœuf propre à l'engraissement une description dont les principaux détails peuvent facilement être acceptés comme caractérisant la première de ces grandes divisions.

« Des formes agréablement arrondies et les chairs élastiques au toucher, des jambes minces, plutôt courtes que longues, un corps allongé, les flancs pleins, la côte ronde et un peu de ventre ; une peau souple, très-mobile sur les côtes, avec le poil fin, court, peu touffu, bien lustré et de teinte légère... ; les reins larges et un garrot gras, un cou épais plutôt court que long, un poitrail évasé avec les épau-

6

les rondes ; une tête longue et fine... ; des cornes minces et de substance fine, presque transparente ou de couleur blanchâtre. (1) »

Quant à la seconde de ces divisions, celle qui nous est particulière, nous pensons qu'on ne peut mieux marquer ses aptitudes dominantes que ne l'a fait Pierre Dupont, dans sa chanson intitulée *Les bœufs*. C'est encore une citation de M. le Mis de Dampierre :

> Les voyez-vous les belles bêtes,
> Creuser profond et tracer droit.
> Bravant la pluie et les tempêtes,
> Qu'il fasse chaud, qu'il fasse froid.
> Lorsque je fais halte pour boire,
> Un brouillard sort de leurs naseaux.
> Et je vois sur leur corne noire
> Se poser les petits oiseaux.
>
> Ils sont forts comme un pressoir d'huile,
> Ils sont plus doux que des moutons ;
> Tous les ans on vient de la ville,
> Les marchander dans nos cantons.

Enfin, faisons encore remarquer, en terminant ces généralités, que c'est vers le Nord que les contrées méridionales ont tourné leurs regards, quand elles ont voulu, pour des localités spéciales, des

---

(1) J. C. Favre : *Observations et conseils sur l'engraissement.*

races laitières ; ou quand elles ont pensé elles aussi, que l'état de leur agriculture leur permettait, non-seulement un engraissement plus complet, mais encore un engraissement avec *spécialisation* des sujets et avec *précocité*.

ART. V.

Races bovines du département de la Gironde en particulier.

Dans toute localité distincte et circonscrite, les causes déterminantes de l'état particulier, de l'état caractéristique des animaux qu'y élève l'agriculture, ne peuvent avoir en principe que deux origines : ou exotique, ou indigène. Elles ne peuvent être que le résultat, ou d'un type emprunté à une autre localité, ou de l'action soutenue des circonstances locales sur le type indigène.

Lorsque les historiens de nos jours s'appliquent à des recherches sur les temps qui nous ont précédés, leurs embarras et leurs regrets sont extrêmes, en constatant combien a été grande, combien a été générale la négligence de nos prédécesseurs à recueillir et à noter tout ce qui n'était pas du domaine de la politique ; tout ce qui ne se rapportait pas aux guerres, aux révolutions, aux questions de pouvoir et de domination. Si l'on songe au rang assigné et à la part faite en France à l'agriculture, il y a encore un siècle, on comprendra combien, en particulier, tout ce qui se rapporte à cette occupation a dû rester dans l'ombre ; combien il doit être difficile aujourd'hui de se rendre compte de son état ancien ; d'apprécier les moyens qu'elle a dû employer, les efforts qu'elle a dû faire pour arriver au point où nous la voyons ; pour obtenir les résultats qu'elle nous présente.

Non-seulement ces sortes de documents manquent dans les ouvrages généraux, mais encore il est très-peu d'œuvres locales dans lesquelles on peut espérer de les rencontrer ; très-peu de pièces dans les dépôts publics qui puissent les fournir, même parmi celles qui semblent plus spéciales à cette nature de renseignements.

Pour ces sortes de sujets, plus encore que pour bien d'autres d'une valeur souvent fort grande, il faut donc se contenter de renseignements incomplets, de traditions souvent altérées et d'indices que font jaillir, parfois, certains rapprochements entre des évènements en apparence étrangers au sujet.

Le département de la Gironde compte trois races bovines principales, également avantageuses, quoiqu'à des titres divers, pour le travail et pour la boucherie. Une, la race *bazadaise* lui appartient exclusivement; une autre, la race *garonnaise*, lui est commune avec le département de Lot-et-Garonne; une dernière enfin, la race *limousine*, n'a fait, en quelque sorte, que se répandre sur les parties de son territoire, voisines de la contrée d'où elle est originaire.

A ces trois races types, on pourrait peut-être en joindre une quatrième, dont l'importance, dans tous les cas, est de beaucoup au-dessous de celle des autres, la race dite des *landes* ou des *charbonniers*.

Enfin, il serait possible aussi de comprendre, dans cette récapitulation, ce groupe assez nombreux et d'ailleurs fort distinct, qui peuple nos marais assainis; qui s'y est formé d'éléments étrangers; qu'on y élève principalement pour la production du lait et que l'on comprend sous les noms de race *laitière*, race des *marais*.

A. *Race bazadaise.* — M. Dupont circonscrit le berceau de la race bazadaise dans un coin de terre de nature argilo-calcaire ou marneuse, compris entre les routes de Casteljaloux et d'Auros et formant un triangle dont le sommet est le territoire proprement dit de Bazas et la base ceux de Grignols et d'Auros. Ce triangle comprend principalement les communes dont voici les noms: Bazas, Berthez, Lados, Gans, Gajac, St-Côme, Birac, Sentetz (1).

---

(1) *De l'espèce bovine dans la Gironde*, Bordeaux, 1847

Nous reconnaissons effectivement, avec ce judicieux observateur, que là se rencontre principalement le type de la race en question ; cependant-
dant, nous croyons qu'on peut davantage étendre
son territoire, le porter, dans la direction du
S.-O., jusqu'aux limites assez prochaines du reste,
du plateau argilo-calcaire sur lequel est bâtie la
ville de Bazas ; jusqu'aux dépôts de faluns formant
la transition de ce plateau à la lande proprement
dite.

Quoi qu'il en soit, nous le répétons, c'est là effectivement et principalement là que se rencontre le
type de cette race précieuse, participant, comme le
fait fort bien remarquer M. le Mᶦˢ de Dampierre,
plus de la race gasconne que de la race garonnaise, plus de la race de côteau que de celle de la
plaine ; mais ayant encore des caractères propres,
des avantages parfaitement distincts et qui ne permettent pas de la confondre avec les races voisines.
Parmi ces avantages, nous rappellerons une vi-
gueur sans pareille et une sobriété non moins précieuse.

Si ce type ne s'est point formé dans la localité où
nous le rencontrons aujourd'hui et dont il constitue la richesse, la question serait de savoir comment et pourquoi il y fut introduit et comment il
s'y conserva lors de l'épizootie de 1774 ?

L'histoire de Bazas et du Bazadais en général,

nous prouve que cette importante partie du territoire actuel du département de la Gironde a subi de
nombreux changements, éprouvé de grandes vicis-
situdes, essuyé bien des désastres. Elle nous
prouve aussi que ce n'est guère que d'une manière
passagère et en quelque sorte accidentelle, qu'il lui
a été donné, au moyen-âge, de jouir de quelques
courtes périodes durant lesquelles son agriculture
put s'établir, se développer et prendre un caractère
spécial. Or, ce caractère, c'est celui qu'elle conserve encore; celui que durent déterminer une
grande étendue de bois à exploiter, et les longs et
nombreux transports nécessités par cette exploitation.

Remarquons encore que l'état des routes dans
ces contrées dut, dès le principe, faire donner la
préférence aux bœufs, comme animaux d'attelage;
imprimer une grande valeur à ces animaux, surtout là où on les rencontrait particulièrement disposés à ce genre d'emploi. Certes, il suffirait de
toutes ces considérations, jointes à des influences locales que nous essaierons plus bas de faire
ressortir, pour nous expliquer l'apparition de la
race bazadaise, sa conservation scrupuleuse, son
amélioration successive, sa vieille et légitime réputation.

Maintenant, si les premiers sujets qui l'ont formée sont venus de l'extérieur, conformément à l'o-

pinion de M. le Mis de Dampierre, évidemment c'est
plus vers le Sud que vers le Nord qu'il faut se tourner pour en découvrir l'origine ; c'est plus aux localités où se rencontrent de nos jours , soit la race
ariégeoise, soit la race gasconne si précieuse pour
le travail, soit ces races que défient les hardis écarteurs des Landes et des Pyrénées , qu'il faut les demander.

Il serait peut-être possible , en suivant avec soin
l'histoire des contrées dont nous nous occupons, de
saisir les rapports qui purent exister à plusieurs
reprises , sous l'influence des événemens et des
personnages qui y exercèrent successivement le
pouvoir, entr'elles et les localités que nous venons
de signaler. D'ailleurs , la nature indiquait aux habitants de plusieurs de ces localités , comme trajet
à suivre pour aboutir à la Garonne , pour y porter
leurs denrées , le Bazadais , et, comme lieu de re-
pos et d'entrepôt, la ville de Bazas.

Les rapprochements opérés depuis quelques années par les concours régionaux ; les comparaisons
rendues faciles par ces grandes institutions , ont
donné lieu , sur ce point, à une opinion qu'il con-
vient de mentionner ici , et qui rattacherait la race
bazadaise à la race, dite dans le département de
l'Ariége, race *Saint-Gironaise,* ou de *Saint-Girons.*
Dans un ouvrage récent , M. Laurens, de Saver-
dun , président de la Société d'Agriculture de Foix ,

relate cette opinion , à propos de la ressemblance
qui existe entre ces deux races ; ressemblance dont
nous fûmes nous-même frappé, lors de la tenue du
concours régional dans cette dernière ville, en 1859.
« Au surplus, dit-il , s'il faut en croire quelques
auteurs, c'est encore dans nos cantons montagneux
de l'Ariége qu'a été jadis la souche primitive de ces
deux races. Une de leurs anciennes peuplades, les
Sotiates, émigrant avec leurs bestiaux, serait allée
se fixer dans le Bazadais, où la race , par l'effet de
soins mieux entendus et d'une nourriture plus substantielle, aurait acquis cette supériorité de taille
et de formes qui la distingue aujourd'hui (1). »

Cette opinion, ou plutôt cette idée, exigerait
d'abord la solution d'une des difficultés historiques
les plus controversées par les érudits : celle de savoir qu'elle était la position de la peuplade à laquelle Jules-César, dans ses *Commentaires*, donne
le nom de Sotiates. Or, on a beaucoup écrit sur ce
sujet sans se mettre d'accord, et bien des localités
ont été citées. Il est vrai que si d'Anville et grand
nombre d'autres se sont prononcés pour *Sos*, dans
le Lot-et-Garonne, il s'en est rencontré aussi qui
ont donné la préférence à un bourg de l'Ariége
nommé *Vic-de-Sos*.

---

(1) *De l'agriculture au point de vue chrétien.*

Pour la vérité de l'opinion ci-dessus mentionnée, ce sont ces derniers qui devraient avoir raison.

Enfin, sans pénétrer si avant dans le domaine de l'histoire, on pourrait aussi appeler à son aide la participation bien connue des membres du clergé séculier et régulier aux progrès civilisateurs de l'agriculture. Parmi nous aussi, et comme le dit le vénérable et savant Tessier, les moines se livrèrent au défrichement des terres avec un zèle et une intelligence dont on a, depuis, toujours ressenti les effets.

Or, justement dans la contrée dont nous nous occupons, dans une commune qui en dépend, dans la commune de Brannens, canton d'Auros, exista longtemps avant le XIIIe siècle, une des principales abbayes du diocèse de Bazas, l'abbaye de *Notre-Dame-de-Rivet* (1), de l'Ordre de Citeaux. Très-certainement, les défrichements opérés dans ce lieu, d'abord couvert d'épaisses forêts; la direction donnée à sa culture; les buts divers qu'on se proposa, durent se ressentir de l'intervention directe et active des disciples de saint Benoît.

---

(1) Cette abbaye avait d'abord été un couvent dépendant de la maison-mère et ce n'est qu'en 1408 qu'elle reçut son dernier titre. Son revenu était un des moins élevés de la province: il n'atteignait que 1000 livres. L'abbé qui la dirigeait en 1738, s'appelait de Busson.

Aujourd'hui c'est la maison de campagne de M. Montauzier.

Si cette opinion avait quelque valeur, ce serait une analogie de plus à ajouter à celle déjà signalée par M. le Mis de Dampierre, entre la race bazadaise et celle d'Aubrac : analogie, du reste, que n'admet pas notre collègue M. Dupont. Quoi qu'il en soit, après avoir exprimé l'opinion que la race d'Aubrac est originaire des montagnes volcaniques d'Aubrac dans l'Aveyron, M. le Mis de Dampierre ajoute : « Les montagnes d'Aubrac, elles-mêmes, tirent leur nom d'une vieille abbaye fondée par saint Louis, pour servir de refuge aux voyageurs. Les environs de l'abbaye d'Aubrac, qui formaient de vastes forêts, se défrichèrent peu à peu et se transformèrent en pâturages fertiles. Dans ces pâturages, on entretint dans sa pureté et on perfectionna une race de bestiaux facile à distinguer des races voisines, peu nombreuse pendant de longues années, et qui, peu à peu, vit ses qualités appréciées, sa réputation s'étendre et sa production et son commerce prendre des proportions considérables. »

Nous savons aussi avec quel zèle plusieurs prélats du diocèse de Bazas s'appliquèrent à y répandre et à y propager l'esprit agricole. Parmi ceux que la tradition populaire se plaît le plus à citer, comme ayant ainsi contribué à la richesse du pays et au développement des produits qui lui sont particuliers, il faut comprendre Mgr. de Pontac, et plus récemment, car ce fut le dernier, Mgr. de Saint-

Sauveur, à qui elle fait honneur de l'importation dans la localité des chasselas et des tilleuls (1).

On voit ainsi que la contrée productive des bœufs bazadais, put être dès longtemps, par des circonstances et par des relations toutes particulières, excitée à ce genre de production et à son amélioration successive. On voit encore qu'il y eut pour elle, également dès les temps les plus reculés, des influences capables de la diriger et de l'encourager dans cette voie féconde.

Dans un manuscrit conservé à la bibliothèque de

---

(1) Ces deux faits n'auraient rien que de très-naturel, quand on songe que l'art des jardins et des agréments qu'ils comportent ne s'est répandu dans le Bordelais qu'assez tard. Longtemps, nous disait un vieillard qui avait passé sa vie à Bordeaux dans les plus honorables fonctions, le principal ombrage dont on usait dans les biens d'agrément des environs de la cité, était emprunté au sureau (*Sambucus nigra*), très-commun effectivement dans nos terrains légers. Les tilleuls doivent cependant être anciens, comme arbres d'agrément, puisqu'on en cite un à Neustadt, en Wurtemberg, dont l'histoire remonte à 1229 et dont le tronc, à 2 mètres du sol, avait, en 1831, plus de 12 mètres de circonférence.

Quant aux chasselas, on prétend qu'ils ont été introduits en France par François Ier, qui les aurait apportés de l'île de Chypre. Longtemps ils restèrent renfermés à Fontainebleau et ce n'est que de proche en proche qu'ils se répandirent dans les diverses provinces, en raison des relations de celles-ci avec la capitale.

la ville et ayant pour auteur M l'abbé Bellet, chanoine de Cadillac et membre de l'Académie des
Sciences de Bordeaux, se trouve, entr'autres, un
long travail intitulé : *Tableau de la généralité de
Bordeaux par élections*, 1741. Dans ce travail, en
marge duquel M. de Lamontagne, secrétaire général
de l'Académie, avait inscrit la mention suivante :
Ouvrage très-intéressant et plein de bonnes vues,
on lit ce qui suit au sujet de la subdélégation de
Bazas, élection de Condom : « *Bestiaux* : outre
» ceux qui sont employés aux labours, on compte
» par année neuf cents bœufs engraissés pour la
» boucherie. »

Voilà quelles étaient, il y a déjà plus d'un siècle,
les ressources bovines du Bazadais. De tels faits
expliquent parfaitement comment, dans la localité
dont il s'agit, une race précieuse avait pu se former,
et comment, dès longtemps, elle avait fixé l'attention des habitants.

B. *Race garonnaise*. — Appréciée au même
point de vue, la race garonnaise ne nous offre pa
plus de ressources, pour l'établissement complet
et précis de son histoire. Longtemps les agronomes
français dont les yeux se sont toujours spécialement
fixés sur les contrées du Nord, l'ignorèrent complètement ; ou au moins, sous les dénominations
collectives de race *gasconne*, de bœufs de *Gascogne*,
la confondirent avec d'autres races plus ou moins

7

distinctes, que l'on rencontre dans l'Aveyron, dans le Gers, dans la Haute-Garonne, dans l'Ariége, dans les Hautes-Pyrénées. Ne sait-on pas aussi combien furent complets l'étonnement et la surprise des habitués du grand concours de Poissy, à l'apparition des premiers sujets garonnais conduits à ce concours? Circonstance, du reste, qui ne remonte qu'à l'année 1854 (1).

Cependant tout fait supposer que cette race est des plus anciennes parmi celles de France. A cet égard, nous pourrions invoquer l'aptitude toute spéciale des hommes de la contrée qu'elle habite, pour sa multiplication, sa direction et les soins nombreux qu'elle exige. Nous pourrions faire remarquer qu'il y a en cela l'indice certain d'une tradition des plus reculées; d'une habitude ayant profondément agi sur les idées, sur les goûts, sur les mœurs d'une population tout entière.

Dans la fertile plaine de la Garonne, dans la portion spécialement habitée par la race de bœufs dont il s'agit, c'est-à-dire dans tout le pays qui s'étend principalement de l'embouchure du Lot à celle du Drot, et où règne, comme on sait, le système de petite culture, les habitations rurales

---

(1) Cette année-là, il en fut présenté sept.
L'année suivante, en 1855, les bazadais y firent leur apparition.

sont généralement disposées sur un plan dont nous avons voulu ailleurs, faire ressortir tous les avantages (1), et duquel résulte la cohabitation en quelque sorte permanente, de l'exploitant ou métayer, avec les animaux qu'il élève, qu'il entretient, qu'il associe à son œuvre. Aussi, nulle part mieux que là, ne se rencontrent ces relations touchantes de l'homme et de l'animal, du maître et du serviteur; cet échange d'affections fondées : pour le premier, sur le sentiment d'un immense service, d'un grand profit; pour le second, sur la reconnaissance d'une constante surveillance, de soins incessants et de procédés toujours protecteurs, toujours bienveillants.

Aussi M. Goux, vétérinaire du département de Lot-et-Garonne, n'hésite-t-il pas à voir, tant dans le métayage comme système d'exploitation, que dans les métayers eux-mêmes, directement intéressés par ce système à la prospérité du bétail; une des causes principales de la beauté de la race dont il s'agit. « Ils s'attachent, dit-il, à faire de bons choix pour les appareillements, et ils s'appliquent surtout à prodiguer aux produits des soins excel-

_____

(1) Type des constructions rurales dites *Métairies* ou *Bordes*, dans la vallée de la Garonne. (*Congrès Scientifique de France*, 28ᵉ session, T. IV.)

lents, relativement au pansage et à la nourriture (1). »

Qu'on nous permette d'ajouter à cela une autre
considération. Le métayer, généralement maître
d'agir en cette partie comme il l'entend, privé
d'ailleurs des relations et des avances qui lui auraient
permis de tenter des façons plus directes d'amélioration par des introductions de sujets étrangers,
s'est constamment borné à l'emploi des moyens locaux ; il a amélioré la race par sélection, en dedans ou *in and in*, comme disent les Anglais et
comme nous le verrons plus bas.

Au temps où les Anglais administraient la province de Guienne, par suite du mariage d'Éléonore
avec Henry II, un commerce des plus actifs s'était
établi entre l'Angleterre et cette province, et les
produits qu'on obtenait de son agriculture étaient
l'objet de soins tout particuliers A cet égard, une
tradition dont la constatation peut se trouver écrite
dans quelque ouvrage jusqu'ici inconnu pour nous,
malgré nos recherches, avance qu'il était fait, dans
le port de Bordeaux ; de nombreux chargements de
bœufs pour l'Angleterre. C'est ce vague souvenir
sans doute, d'un fait très-facile à admettre, qui a
porté M. le comte de Gasparin à écrire la phrase

---

(1) *Recueil de la Société d'Agriculture d'Agen*, 1855.

suivante, dans un de ses ouvrages : « Les environs
de Bordeaux sont peuplés de bœufs qui font l'envie
des étrangers, et ont souvent été, pour les Anglais,
l'objet d'une importation faite dans le but d'améliorer leurs propres races (1). » Nous tenons, en outre, de M. Dupont, déjà cité, qu'il lui a été permis
de constater, sur les anciens registres de la maison
Guestier, de Bordeaux, l'envoi en Angleterre de
nombreux convois de bœufs.

De cette manière, l'existence des bœufs garonnais remonterait au moins jusqu'au XII° siècle ;
époque qui n'a rien d'étonnant si l'on songe au
temps nécessaire à la formation d'une race spéciale;
et si l'on fait attention que l'agriculture dut s'empa-
rer de la plaine de la Garonne dès le début de l'invasion romaine et s'y maintenir toujours très-active.

Au reste, rien ne manqua non plus pour exciter
l'industrie des créateurs de la race et de ses améliorateurs : ni des populations de plus en plus nombreuses et de plus en plus exigeantes ; ni des villes
de plus en plus accessibles à la civilisation ; ni un
fleuve assurant des relations avec une immense
étendue de pays; ni un port de mer capable d'étendre ces dernières jusqu'aux limites les plus reculées.

---

(1) *Guide du propriétaire de biens ruraux affermés*,
p. 288.

Enfin, faisons remarquer aussi combien sont anciennes parmi nous les foires encore renommées pour la vente des bestiaux. Bien que l'institution authentique de ces sortes d'établissements remonte déjà au XVᵉ siècle, il n'est pas douteux que la plupart d'entr'elles avaient dépassé de beaucoup cette institution, faite dans le but de les régulariser et de leur donner une existence légale (1).

Une autre preuve de l'état prospère de la race de bœufs dont nous nous occupons, en 1769, quelques années seulement avant la grande épizootie, ressort d'une pièce que nous avons rencontrée dans nos archives départementales, où, malheureusement, celles de cette nature sont beaucoup trop rares.

C'est une lettre par laquelle l'intendant des finances Bertin, demandait le 9 Mars 1769, un taureau et quatre vaches *de la plus belle espèce qui se trouve en Agenais,* pour être placés, disait-il, à l'école royale vétérinaire d'Alfort (2), afin d'y faire des expériences sur l'éducation de ces animaux et sur le croisement de leur race... Le 24 du même mois, l'intendant de la province de Guienne répondait : « La plus belle espèce de vaches se trouve aux

_____

(1) Voir notre *Statistique raisonnée des foires rurales de la Gironde* : L'Agriculture, 1856.

(2) L'école d'Alfort était alors toute récente, elle avait été fondée en 1767, d'après les plans du célèbre Bourgelat.

environs du Mas-d'Agenais, sur les bords de la Garonne ; mais leur beauté et leur rareté les rend fort
chères, et j'ai cru devoir vous demander de nouveaux ordres avant d'en faire acheter. Chaque vache coûtera de 230 à 250 livres. Le taureau coûtera
de 120 à 130 livres, de l'âge d'un an... »

Ce fut la race garonnaise, la plus répandue dans
notre localité, qui eut surtout à souffrir de la désastreuse épizootie de 1774, et, sans nul doute une
dégénérescence marquée dut être pour elle, et pendant longtemps, la conséquence de ce fléau.

A l'époque dont il s'agit, les routes étaient encore
peu nombreuses, les passages des rivières et des
autres cours d'eau moins considérables, difficiles.
On ne pouvait pas aller chercher bien loin des animaux dont on était privé depuis longtemps déjà, et
dont on avait hâte de se pourvoir de nouveau. Surtout, les pertes de l'agriculture avaient été telles
qu'on ne pouvait mettre que très-peu d'argent aux
acquisitions à faire; qu'on ne pouvait se montrer
que très-accommodant sur le choix des sujets à obtenir. Enfin, tout le pays compris entre la rive gauche de la Garonne et les Pyrénées ayant été dépeu-
plé, naturellement et forcément, c'est vers le Périgord et le Quercy qu'on dut se diriger pour les acquisitions à faire; c'est à la race limousine et à
ses variétés qu'on dut demander ces acquisitions.

« La race des grands ruminants de Lot-et-Garonne,

disait en 1845 le vétérinaire de ce département, est une des plus belles de la France, cependant elle se ressent encore peut-être de l'influence de la chétivité des bestiaux introduits dans nos contrées, après la mortalité générale occasionnée par l'épizootie de 1774 : époque calamiteuse où presque tous les animaux périrent (1). »

Alors, dans cette contrée, il se passa forcément, rapidement et sous l'empire d'affreuses circonstances, ce qui s'y était passé primitivement et à l'époque où les progrès de l'agriculture introduisaient dans la vallée de la Garonne la race bovine que l'on a prétendu être descendue des hauteurs des Alpes, et s'être successivement répandue, en se modifiant selon les lieux et selon les temps, dans tout le midi de l'Europe.

Un fait remarquable pourrait servir à expliquer comment alors la race garonnaise put résister à un évènement capable de la dénaturer complètement, comment, dans tous les cas, la dégénérescence qu'elle ne pouvait d'abord éviter, dut bientôt disparaître. Au concours d'animaux de boucherie de Bordeaux, de 1859, des éleveurs de la plaine de la Garonne, d'une honorabilité et d'une probité à l'abri de tout soupçon, virent cependant contester la

_____

(1) Barayre : *Statistique des animaux domestiques du département de Lot-et-Garonne*, 1845.

qualification de limousin qu'ils donnaient à certains
de leurs sujets : tant ces sujets avaient déjà été modifiés par les circonstances locales ; par tout ce à
quoi on doit attribuer la création et le maintien de
la race garonnaise.

C. *Race limousine.* L'origine de cette précieuse
race serait peut-être plus facile à établir, au moins
pour nous, que celle des deux précédentes ; car
nous savons d'où elle vient, puisque son nom l'in-
dique. Mais si nous voulions remonter jusqu'à son
berceau et nous fixer d'une manière positive sur son
apparition et ses premiers développements, ici
encore les documents manqueraient.

Selon M. Gayot(1) il y aurait deux races limousines,
l'ancienne et la nouvelle. L'ancienne serait l'ex-
pression directe d'un pays que la nature avait peu
favorisé et qui fut heureux de rencontrer des animaux lui offrant la force, la rusticité, la sobriété
également exigées par l'état peu avancé de son
agriculture. La nouvelle serait représentée par les
dérivés de cette première race, successivement
améliorée, et par les progrès de l'agriculture locale,
et par les ressources plus abondantes des localités
où elle s'est établie postérieurement.

Ainsi que nous l'avons vu jusqu'ici du reste,
ainsi que cela pourrait être constaté dans tous les

(1) *Encyclopédie de l'Agriculture,* t. III, p. 618.

lieux où se sont formées des races distinctes, c'est
la nature avant tout dont l'action a été décisive. Ce
sont les expressions du sol et du climat qui ont
donné à ces races, qui ont profondément gravé en
elles les propriétés particulières que nous leurs
reconnaissons encore aujourd'hui. L'agriculture y a
contribué aussi, alors que dépourvue des connaissances et des moyens que le temps devait lui garantir,
elle se trouvait elle-même immédiatement soumise
aux exigences d'une terre à peine civilisée, d'un
climat que rien n'avait encore modifié et sans autres
ressources que celles que lui offrait la localité.

Les hommes faisant autorité en cette matière,
placent en Suisse le berceau de toutes les races bovines du Midi et en Hollande celui de toutes les
races bovines du Nord. En pénétrant en Auvergne,
contrée tout-à-fait disposée pour agir fortement et
avantageusement sur les sujets importés, les bœufs
suisses ne tardèrent pas à traduire cette action et à
former des types, tels que celui de Salers surtout,
destinés à leur tour à servir de souches à de nouvelles races.

Nous voulons bien, avec M. le Mis de Dampierre,
ne pas rattacher la race d'Aubrac à celle de Salers,
mais nous sommes heureux de lui voir reconnaître
cette filiation en ce qui touche à la race limousine;
« la race de Salers, dit-il, se fondant à l'Ouest avec
la race limousine, et perdant de ce côté seulement
quelques-uns des caractères qui la distinguent. »

Or, à son tour, il en est de même de la race limousine, subissant successivement les modifications
plus ou moins profondes qui lui font donner, à
mesure qu'elle s'avance vers nous, les noms de races
saintongeaise, *périgourdine*, etc...

Enfin, à sa rencontre avec la race garonnaise,
sur les rives de la Dordogne, de nouvelles influences
lui sont encore imposées : tant par la nature du sol
et du climat, que par le croisement ou mélange de
ses sujets avec ceux de cette dernière et puissante
race.

D. *Race laitière* ou *des marais*. Le voisinage d'un
fleuve qui prend bientôt toute l'importance d'une
mer, le peu d'élévation du sol, l'afflux naturel des
eaux de l'intérieur, les crues régulières et irrégu-
lières de toutes ces eaux ; tels sont autant de motifs
qui rendirent longtemps le climat de Bordeaux très-
dangereux (1) et donnèrent lieu à d'immenses

---

(1) Ce serait une bien lamentable histoire, que celle des
maladies contagieuses, des *pestes*, comme on les nommait
alors, qui sévissaient de temps en temps sur la population
bordelaise, alors que notre ville était entourée de vastes marais. Il n'était pas rare en ces temps de voir la ville et sa
banlieue perdre 12 à 14,000 habitants et le Parlement obligé
de tenir ses séances à Libourne, à La Réole ou à Bergerac.
Telles furent notamment les années 1411, 1473, 1495, 1515,
1546, 1555, 1585, 1599, 1604, 1653, etc...

travaux d'assainissement d'où sont résultés, pour notre agriculture, ces terres autrefois en marais et aujourd'hui désignées sous le nom de *Palus*.

Les premiers de ces travaux furent entrepris en 1599 (1), sous le règne de Henry IV; ils eurent pour objet les marais de Bruges, et successivement tous ceux avoisinant Bordeaux, sur les deux rives de la Garonne, et jusqu'à ceux du Bas-Médoc.

Comme ce devait être, les Flamands qui les accomplirent, introduisirent dans le pays qu'ils rendaient à la culture, plusieurs désignations de leur langue qui s'y sont maintenues : comme celle de *polders*, par exemple, encore usitée en Bas-Médoc (2). Ils y firent adopter aussi leur charrue (3) et surtout ils y transportèrent les sujets de la race bovine qui, chez eux et dans des terres d'origine et de nature pareilles, étaient principalement élevés pour la production du lait.

C'est ce premier transport, joint à d'autres de même origine et d'origine bretonne, qui ont donné

---

(1) *Chronique bordelaise*, années 1587, 1599, 1610, etc..

(2) On désigne ainsi, dans les Pays-Bas, les terres d'alluvion, formées par la mer, protégées par des digues et livrées à la culture.

(3) La charrue du Bas-Médoc, dit *charruet*, n'est autre effectivement que la charrue flamande primitive. On y attèle les chevaux.

lieu, dans cette contrée, à la formation d'une population bovine dont les caractères sont aujourd'hui assez distincts et assez solides pour permettre de lui donner le nom de race : *race laitière* ou *des marais.*

Avant l'ouverture des routes conduisant à Bordeaux de tous les points du département; avant l'établissement des bateaux à vapeur et plus encore des chemins de fer, la consommation en lait de cette grande ville devait être assurée par les terres les plus voisines, et longtemps les propriétaires de ces dernières trouvèrent en cela un motif d'étendre et d'améliorer leurs herbages, un motif aussi de perfectionner et de bien entretenir leurs troupeaux de vaches.

Depuis toutes ces améliorations dans la viabilité, l'industrie laitière s'est bien maintenue aux environs de Bordeaux; mais elle n'a pas eu le même stimulant et l'on a dû songer à tirer d'autres partis des sujets jusque-là uniquement réservés à ce genre de production. On les a employés aux travaux de la terre, on les a préparés pour la boucherie et les résultats, à ces deux points de vue, se sont montrés assez avantageux.

E. *Race des Landes* ou *des Charbonniers.* Après les trois races types de la Gironde et après celle qui vient de nous occuper, nous pourrions encore en citer une cinquième, celle dite *race des Landes* et aussi *race des charbonniers*. Située à l'extrémité sud-ouest de la ligne qui sert de limite à la race bazadaise, celle-là est une dégénérescence de quelqu'autre race voisine : de la race bazadaise ou de la race pyrénéenne, ou mieux une réduction plus ou moins régulière, plus ou moins heureuse, sous l'influence locale, des propriétés de l'un de ces types.

Bien que le travail, la rusticité, la sobriété, soient les qualités principales de cette race, ou sous-race, elle prend aussi la graisse assez facilement et sa chair n'est pas sans valeur.

C'est encore elle qui fournit les troupeaux nombreux de vaches que l'on entretient dans la lande, pour le croît et pour le fumier. On jugera du régime auxquels ils sont soumis par les paroles suivantes : « Les troupeaux de vaches, dans les landes, sont mal soignés. Libres et indociles, les individus n'ont d'autre nourriture que celle qu'ils ramassent dans leurs courses vagabondes. Point de recherche dans le choix du pâtre ; un enfant, que quelquefois la hauteur des bruyères dépasse, voilà leur gardien ! conduits dans les bois, les bruyères, les ruisseaux, les marais, peu importe, tout est bon ; c'est le troupeau qui conduit le berger et, non le berger le troupeau. Le chien, fidèle gardien de l'homme et des brebis, est inutile et ne ferait que provoquer l'humeur sauvage de ces vaches, que l'aspect d'un être étranger fait tenir la tête haute, fière et hagarde : type de la sauvagerie.... (1). »

Dans tous les cas, la race dont il s'agit, est une nouvelle et éclatante démonstration de l'influence que peuvent exercer à la longue, sur l'économie animale, le climat, la terre, le régime et les autres circonstances locales.

Les bœufs de cette race viennent encore à Bordeaux où les conduit, bien moins qu'autrefois il est vrai, le transport du charbon de bruyère. Ils y viennent après avoir parcouru d'immenses étendues de landes, sous la direction d'un bouvier qui les nourrit à la main, selon l'usage général de la localité. Si un attelage de ce genre vient à rencontrer, dans nos rues, un attelage garonnais, ce qui n'est pas rare, on peut juger alors de ce que peuvent sur une même espèce, selon qu'elles sont favorables ou non, les circonstances naturelles et autres dont nous avons déjà plusieurs fois signalé l'influence capitale.

Nous avons connu un propriétaire du Bazadais qui acheta, il y a quelques années, une paire de bœufs race des charbonniers pour *soixante-dix francs !*

---

(1) Vte de Métivier : *Agriculture et défrichement des landes,* p. 76.

ART. VI.

Démonstrations locales de l'influence des lieux d'habitation et autres causes analogues sur l'espèce bovine.

Pour les animaux de luxe, les animaux auxquels on crée une sorte de vie artificielle, l'influence des lieux d'habitation et les conséquences qui en découlent pourraient être, jusqu'à un certain point, révoquées en doute; mais pour ceux que leur grande, leur générale utilité, forcent à élever en grand nombre, à placer en quelque sorte partout, à exposer constamment et directement à toutes les impressions locales, il ne saurait en être de même, et la réalisation du type nouveau qu'ils doivent former, toujours certaine, ne saurait varier que sous le rapport de la durée plus ou moins longue exigée pour cette formation.

Les animaux de la race bovine sont bien dans ce cas, et les motifs pour lesquels on les élève et on les multiplie sont tirés de nécessités trop générales, trop impérieuses, trop constantes, pour qu'il fût possible, en supposant qu'on voulût le tenter, de les empêcher de se faire aux circonstances locales; d'en subir les atteintes et d'arriver enfin, dans tous les caractères généraux de leurs individualités, à l'interprétation plus ou moins complète, plus ou moins heureuse, de ces circonstances. La taille, la forme et les propriétés générales des animaux de qualité inférieure, disent les éleveurs anglais, doivent toujours être attribuées à l'influence du sol et du climat ; à l'abondance et à la qualité des fourrages, à l'emploi et au traitement des sujets, etc.

Pour se faire une idée de tous ces phénomènes, dans le département de la Gironde, il suffira de tracer sur la carte une ligne à-peu-près droite, du Nord-Est au Sud-Ouest : partant de Sainte-Foy, arrivant à Bazas, en passant par Pellegrue, la Réole et Auros.

Cette ligne passera par tous les centres des trois races bovines, types dont nous venons de nous occuper au point de vue historique. Au besoin même, elle suivrait les modifications principales qu'elles subissent, en sortant des localités qui leur sont particulièrement favorables, pour se répandre vers celles où les conduit leur réputation, les services qu'elles y rendent.

D'abord, à Sainte-Foy et environs, dans la plaine de la Dordogne, nous rencontrons, non pas, il est vrai et d'une manière absolue, le centre de la race limousine, il s'en faut de beaucoup, mais en quelque sorte les ondulations les plus extrêmes de cette race, et, dans tous les cas, la localité de la Gironde où elle est plus abondante, où elle se montre plus habituellement avec ses caractères distinctifs. A la Réole et dans tout ce beau bassin alluvionnel commun à la Gironde et au Lot-et-Garonne, se montre dans toute sa perfection, sa pureté et son éclat, la race garonnaise. Enfin, sur ce terri- toire déjà signalé, qui s'étend autour de Bazas, se montre également, avec tous ses avantages re- connus, la race bazadaise.

Nous ne rappellerons pas ici tous les caractères distinctifs et d'ailleurs bien connus de ces diffé- rentes races. Nous nous bornerons à ceux dont l'appréciation est la plus facile et qu'il sera égale- ment plus facile de rattacher aux circonstances lo- cales : la taille, le poids, la couleur, etc.

« Après le chien, dit le docteur Sac, il n'y a pas d'animal domestique qui varie plus que le bœuf, sous l'influence de la nourriture, du climat, du sol et des soins qu'on lui donne. On voit sa taille se rapetisser jusqu'à celle de la brebis, dans les chétifs pâturages de l'Ecosse, et s'élever d'une façon gigantesque dans ceux de la Gruyère, ou bien sous l'influence du régime de l'étable (1). »

La plaine de la Dordogne, riche comme le sont toutes les formations alluvionnelles, a exercé, par rapport à la taille et au poids, sur la race limousine, une action qui n'a pas sans doute ajouté à ces con- ditions d'une manière bien sensible, mais qui les

(1) *Précis élémentaire de chimie agricole*, p. 307.

a maintenues au point où elles se trouvent dans
les autres localités les plus favorables à cette même
race. La nature de ces terres, les propriétés qu'elles
communiquent aux fourrages, se sont également
rencontrées telles, que la couleur distinctive, le
rouge marron, n'a pas non plus essentiellement
changé.

C'est un exemple intéressant, non pas de la
création d'une race par les influences locales, mais
du maintien de cette race par ces mêmes influences;
par leur identité sans doute avec celles qui ailleurs,
agirent primitivement sur elle et la constituèrent.

Dans la plaine de la Garonne, incontestablement
plus riche, plus féconde, plus abondante en fourrages, les choses se sont passées différemment. Là,
en admettant cette souche commune du bétail du
Midi rappelée ci-dessus, les sujets qui s'y sont
d'abord fixés, ont dû bientôt à ces circonstances
une élévation de taille, une augmentation de volume
tout-à-fait tranchées.

Remarquons aussi que, dans la plaine de la
Garonne, la cause essentiellement déterminante de
la fertilité des terres est incessante. Les inondations de ce fleuve, comme celles du Nil, affectent
une certaine périodicité, qui n'a rien de régulier il
est vrai, mais d'où résulte, pour la terre, l'acqui-
sition d'un limon tenant lieu d'engrais et assurant
toujours des fourrages aussi abondants que nu-
tritifs.

Comme démonstration de tous ces faits, nous pouvons citer une période assez longue, de 1816 à 1827, pendant laquelle la Garonne n'offrit point d'inondation notable, et nous pouvons dire aussi, qu'on remarqua alors une sorte d'amoindrissement, un commencement de dégénérescence sur la race garonnaise, notamment dans la belle plaine de Marmande.

La couleur de cette race, très-peu saillante comme on sait, trouverait aussi son explication dans le mélange parfait, dans le fondu en quelque sorte des éléments terreux et dans l'absence d'une substance dominant les autres et surtout du fer : principe essentiellement colorant des plantes d'abord, puis des animaux, ainsi que nous pourrions en rapporter grand nombre de preuves prises autour de nous, si nous n'avions ci-après à revenir sur ce sujet.

On sait la liaison existant entre la couleur et l'aptitude à l'engraissement. On sait que, d'une manière absolue, les races d'engrais sont celles à couleur claire et l'on s'explique ainsi pourquoi la race dont nous nous occupons, joint à une valeur remarquable pour le travail, d'excellentes dispositions pour l'engraissement (1).

---

(1) Ne serait-il pas possible aussi d'expliquer la grosseur des os de ces animaux, ce qui constitue pour eux un grave

Le pays qu'habite la race bazadaise, la terre qu'elle foule et dont elle tire son alimentation, offrent géologiquement et minéralogiquement les caractères les plus tranchés, surtout si on compare tout cela à ce qui se voit dans les plaines de la Dordogne et de la Garonne.

Ici, la force, l'énergie de cette race s'expliquent par la matière calcaire, la marne, entrant en proportions souvent excessives, dans la constitution des terres. C'est la même influence qui garantit aux froments des côteaux une plus forte proportion de gluten ; aux vins des côteaux, comme ceux de Saint-Émilion par exemple, plus de feu, plus de montant.

L'infériorité de la taille et du poids s'expliquent suffisamment, par une fertilité évidemment moins grande des terres dont il s'agit.

Quant à la couleur beaucoup plus prononcée, ici que partout ailleurs, il n'est pas douteux qu'elle se rattache au fer que l'on voit nuancer de tant de manières les argiles de ces contrées ; que l'on voit, communiquant aux tuiles des toitures de Bazas,

---

désavantage au point de vue de l'engraissement, par l'origine alluvionnelle de la terre qui les nourrit, par les phosphates qu'elle doit contenir. On sait effectivement que les terres de ce genre et notamment celles du Nil renferment cette substance.

une teinte rouge vif dont est frappé l'étranger à la première vue. Or, ces tuiles sont le produit d'argiles provenant du plateau que nous cherchions à préciser ci-dessus et notamment de sa portion comprise dans la commune de Marimbaut, à quelques kilomètres de Bazas. Et, ce qui est bien remarquable encore, c'est que, à mesure qu'on s'éloigne de ce même plateau pour se rapprocher de la Garonne, les produits des tuileries que l'on rencontre dans cette direction, de celles de Lados particulièrement, prennent de plus en plus la teinte claire qu'elles offrent dans la vallée du fleuve et principalement à Gironde.

Nous résumons, dans le tableau suivant, les faits principaux énoncés jusqu'ici et de nature à donner une idée générale des races bovines dont nous nous sommes occupés.

TABLEAU

Résumant les généralités des races bovines de la Gironde.

NOMS.	COULEURS.	TAILLE.	POIDS.	APTITUDES.	SOL.
Bazadaise.	Charbonnée.	1m 30 à 1m 40	600 à 700k	Travail et engraissem‡.	argilo-calcaro-ferrugineux.
Garonnaise.	Froment.	1m 60 à 1m 70	800 à 900k	Id.	Alluvionnel.
Limousine.	Rouge-vif.	1m 40 à 1m 50	700 à 800k	Id.	Argilo – silico-ferrugineux.
Laitière.	Pie.	1m 35 à 1m 45	650 à 750k	Lait.	Tourbeux.
Landaise ou des *Charbon*re.	Brune.	1m 00 à 1m 40	300 à 400k	Travail.	Silico–ferrugineux.

ART. VI.

Le Mouton

> » Sois soigneux à reconnaître l'état de tes
> » brebis, et mets ton cœur aux parcs. »
>   (*Proverbes*, ch. XXVII, v. 23.)

Ici encore et comme pour le bœuf, c'est le nom de l'individu privé des organes reproducteurs, pour le plus grand profit de l'agriculture, qui a prévalu et s'est étendu à toute l'espèce, comprenant aussi le bélier, la brebis et l'agneau. Que ce nom vienne de l'italien, comme le veut le dictionnaire de Trévoux, et qu'il ait pour origine le mot *monté*, à cause que ces animaux paissent sur les hauteurs; ou qu'il soit, comme le dit Huet, un dérivé de *mutus*, faisant allusion aux habitudes silencieuses de ces mêmes animaux : ce sont là des questions sur lesquelles nous n'insisterons pas.

Dans la classification zoologique, le mouton (*ovis aries gallicæ*) se trouve aussi parmi les mammifères herbivores et dans l'ordre des ruminants.

Enfin, il est d'usage, en langage agricole, de désigner cette espèce, en disant : *l'espèce ovine, la race ovine*, les *bêtes à laine*, les *bêtes blanches*, etc

§ I.

Caractères zoologiques du mouton.

1° Quatre estomacs (comme le bœuf);

2° Pieds fourchus, terminés par deux onglons ou doigts (didactyles) et par deux sabots, avec deux autres onglons derrière les sabots et un appareil de sécrétion occupant le niveau de l'articulation supérieure, et s'ouvrant à l'extérieur par un trou circulaire du diamètre à-peu-près de deux millimètres (1);

3° Pas de dents incisives à la partie antérieure de la mâchoire supérieure, un simple bourrelet calleux;

4° Huit dents incisives à la mâchoire inférieure; vingt-quatre molaires, douze en haut, douze en bas;

5° Oreilles droites, rarement pendantes;

6° Chanfrein arqué; museau pointu et terminé par des narines de forme allongée; menton sans barbe; cornes creuses, anguleuses, ridées, contour-

---

(1) « Ce dernier caractère, qui a été donné assez récemment par M. Gené, de Turin, semble devoir s'appliquer d'une manière générale à toutes les espèces du genre Mouton, et ne pas se retrouver, au contraire, dans le groupe des chèvres. » (*Dict. univ. d'hist. naturelle.*)

8

nées latéralement en spirales et dirigées en arrière et en bas; n'existant guère que chez le mâle;

7° Jambes grêles;

8° Queue médiocrement longue et pendante;

9° Corps recouvert de laine frisée ou lisse;

10° Deux mamelles inguinales (dans la laine).

§ II

Naturel du Mouton.

Par un défaut d'intelligence qui va souvent jusqu'à la stupidité, le Mouton paraît être le seul des animaux domestiques qui ne saurait redevenir sauvage, et ne pourrait par conséquent, de lui-même, ni chercher sa nourriture, ni se procurer un abri; ni se défendre contre des ennemis même plus faibles que lui, ni surtout s'associer à d'autres individus de son espèce pour effectuer cette défense.

Essentiellement craintifs, on voit ces animaux, à l'étable comme au pâturage, se serrer les uns contre les autres, et occuper le moins de place possible : circonstance qui simplifie la tâche de leurs gardiens, bergers et chiens.

On les voit également suivre aveuglément et sans discernement aucun, celui d'entre eux qui s'est engagé le premier, de son propre mouvement ou par force, dans une voie quelconque; fallût-il pour cela se jeter dans la boue, dans un précipice, dans l'eau (1).

Dans certains cas, cependant, et quand les moutons sont au pâturage, on peut voir celui d'entre eux qui croit avoir découvert un danger quelconque, l'approche d'un homme, d'un animal, etc...., en donner avis aux autres, en frappant la terre avec un

_____

(1) A ce propos, la tradition bordelaise a conservé le souvenir d'un procès fort singulier qu'eut à juger la municipalité de cette cité, ce que l'on appelait la *Jurade*, au temps où elle connaissait des affaires civiles et criminelles de la cité et de sa banlieue.

Un jour, un homme vint prendre place dans un des bateaux destinés au passage de la Garonne, en même temps qu'un troupeau de moutons que l'on conduisait à Bordeaux. Fatigué, il s'assit sur le bord du bateau et ne tarda pas à s'endormir. Dans cette position, il baissait et relevait alternativement la tête et semblait provoquer des animaux qui ont l'habitude de se battre à coups de tête. L'un de ceux-ci, ayant pris au sérieux cette provocation, s'élance aussitôt et frappe violemment au front le pauvre endormi. Réveillé soudain par ce choc inattendu, l'homme, ne consultant que son dépit, saisit son audacieux agresseur et le lance dans le fleuve; mais, aussitôt, ses camarades l'ayant suivi, pas un mouton ne resta dans le bateau, et presque tous se noyèrent. On comprend quel dut être l'embarras des juges, pour prononcer dans une telle affaire, et nous regrettons de ne pouvoir faire connaître leur décision.

Il y a dans le *Roman comique*, de Scaron, une scène semblable, mais dont la fin est beaucoup moins tragique.

des pieds de devant. Nous avons provoqué ce fait, et en avons été par conséquent témoin.

On connaît le cri de ces animaux; presque toujours provoqué par l'inquiétude. Le bêlement de la brebis ou de l'agneau égarés, n'a rien d'harmonieux, et cependant ce n'est pas sans émotion qu'on l'entend retentir dans les campagnes solitaires; c'est l'accent de la souffrance et de l'abandon, celui de la résignation à des maux non mérités : la Religion et la poésie nous les présentent toujours ainsi.

En temps de rut, le bélier et la brebis poussent aussi parfois de légers gémissements.

C'est alors encore, et sous cette même influence, qu'on voit les mâles se livrer des combats que l'on pourrait dire pacifiques : tant sont lents les mouvements de leur colère, tant paraissent y être étrangers leur regard et les autres signes extérieurs de cette violente passion.

N'en déplaise aux poètes qui se sont plû tant de fois à prêter à l'espèce ovine des expressions d'amitié et de reconnaissance, la stupidité de cette espèce ne lui permet guère de telles manifestations, ni à l'égard de l'homme, ni à l'égard d'elle-même. Toutefois, il ne faudrait pas la croire entièrement dépourvue des sentiments dont on constate l'existence chez tant d'autres espèces, soit domestiques, soit sauvages.

Tout le monde sait que les troupeaux des Pyrénées

quittent en hiver la montagne pour se répandre dans
la vallée de la Garonne et y passer cette saison. Quand
vient le mois d'Avril, ces troupeaux reprennent la
route de leur pays, et c'est quelque chose de réelle-
ment curieux de voir avec quelle joie, quel empressement s'effectue ce retour. Il suffit, pour donner lieu
à ces dispositions, pour les faire éclater dans tout
le troupeau, des préparatifs de départ des bergers,
du soin qu'ils ont de placer sur l'âne, ordinairement chargé de ce transport, le petit mobilier dont
ils se font suivre.

Malgré tous les soins dont on entoure cette espèce,
elle est, beaucoup plus que les autres, sujette à des
maux isolés ou contagieux. Cela tient tout à la fois
à la débilité de sa constitution, à son défaut d'intelligence et à son extrême timidité. Elle ne sait ni se
garantir elle-même des accidents qui la menacent,
ni recourir en ces occasions, et comme le font tant
d'autres, à la protection de l'homme.

§ III.

Histoire de la domesticité du Mouton.

« On est assez fondé à croire, dit un auteur ancien (1), que les brebis sont les premiers animaux
qui furent pris et apprivoisés, tant à cause de l'uti-

---

(1) Varron, liv. II, ch. 1.

lité qu'elles présentaient à l'homme, qu'à cause de leur extrême douceur. En effet, ces animaux sont naturellement très-doux, outre qu'ils sont les plus utiles à la vie de l'homme ; puisqu'ils lui fournissent non-seulement du lait et du fromage pour le nourrir, mais encore des vêtements et des peaux pour le couvrir. »

Malgré cette antiquité de la domesticité de la brebis et du mouton, et peut-être même à cause de cette antiquité, il est arrivé encore, à l'égard de cette espèce, que les naturalistes se sont trouvés dans une grande incertitude, par rapport au type sauvage à lui assigner : bien que la plupart d'entre eux, cependant, ait consenti à voir ce type dans le moufflon.

Le moufflon proprement dit (*Ovis musimon*), est un quadrupède ruminant, à cornes et à laine, un peu plus grand que notre mouton domestique, et beaucoup plus commun autrefois qu'aujourd'hui sur les montagnes de l'Espagne, de la Crète, de la Corse, de la Sardaigne, etc.... Les Grecs avaient connu cet animal, qu'ils nommaient *Ophion*, et Pline, qui le décrit sous le nom de *Musmon*, n'hésite pas à le donner pour type de la brebis domestique, avec laquelle, dit-il encore, il produit des métis qu'il appelle *Umbri*. Ajoutons que ces métis sont féconds : caractère fondamental, comme on sait, de l'identité d'espèce. ──────

« Si le Moufflon, dit M. Frédéric Cuvier, est la

souche de nos moutons, on pourra trouver, dans la
faiblesse de jugement qui caractérise le premier, la
cause de l'extrême stupidité des autres. Ceux de
ces animaux qui ont vécu à la ménagerie aimaient
le pain, et lorsqu'on s'approchait de leur barrière,
ils venaient pour le prendre : on se servait de ce
moyen pour les attacher avec un collier, afin de
pouvoir, sans accident, entrer dans leur parc; eh
bien ! quoiqu'ils fussent tourmentés au dernier
point, lorsqu'ils étaient ainsi retenus, quoiqu'ils
vissent le collier qui les attendait, jamais ils ne se
sont défiés du piégé dans lequel on les attirait en
leur offrant ainsi à manger; ils sont constamment
venus se faire prendre sans montrer aucune hésita-
tion, sans manifester qu'il se fût formé dans leur
esprit la moindre liaison entre l'appât qui leur était
présenté et l'esclavage qui en était la suite; sans
que, en un mot, l'un ait pu devenir pour eux le
signal de l'autre. Le besoin de manger seul était
réveillé en eux à la vue du pain. Sans doute, on ne
doit point conclure de quelques individus à l'espèce
entière; mais on peut assurer, sans rien hasarder,
que le Moufflon tient une des dernières places parmi
les mammifères quant à l'intelligence; et, sous ce
rapport, il justifierait bien les conjectures de Buffon
sur l'origine de nos différentes races de moutons (1).

---

(1) *Hist. nat. des mammifères du Muséum.*

L'Asie ayant aussi un Moufflon qui lui est particulier, l'Argali (*Ovis Ammon*); on peut de la sorte se rendre compte de la haute antiquité de la domesticité du Mouton dans ce pays : berceau de la civilisation et où nous la voyons se manifester d'abord par la vie pastorale, celle des patriarches.

Des deux premiers fils d'Adam, l'un, le second, Abel, était *pasteur de brebis*. Plus tard, un des descendants de Caïn, Jabel, devint le père d'un peuple pasteur, vivant sous la tente. Longtemps après le monde anté-diluvien, les patriarches n'ont encore d'autre fortune que le bétail. On jugera du nombre et de la composition de leurs troupeaux par le présent que fit Jacob, à son frère Esaü, à son retour de Mésopotamie. Il lui donna cinq cent quatre-vingt pièces de bétail : 200 chèvres, 20 boucs, 200 brebis, 20 moutons, 30 chameaux allaitant et leurs poulins, 40 jeunes vaches, 10 jeunes taureaux, 20 ânes et 10 ânons (1).

On jugera encore de l'importance attachée à ce genre de propriété, par la protection toute particulière que lui accordait la loi. Celui qui rencontrait un animal égaré devait en prendre soin jusqu'à ce qu'il eût découvert son propriétaire. Le rencontrait-il tombé dans un fossé ou tout autre embarras, il devait lui porter secours comme s'il se fût agi des

---

(1) *Genèse*, chap. XXXII, v. 14, 15.

siens propres (1). Si cette chute provenait de la négligence à défendre les abords d'une citerne, ou à les couvrir de branches, celui qui avait à se reprocher cette négligence devait payer le dommage causé (2).

Parmi les choses qu'il était défendu de convoiter, figuraient le bœuf et l'âne d'autrui.

Enfin, une autre preuve de cette importance se peut aussi tirer de l'habitude qu'avait conservée la famille de David, de s'inviter mutuellement aux tondailles de leurs brebis. Ce fut dans une pareille fête qu'Absalon tua son frère Amnon, pour avoir violé Thamar (3).

Plus tard, et à mesure qu'ils s'avancent dans la voie du progrès social, c'est encore le Mouton qui fixe l'attention des hommes; car la vie pastorale admet plusieurs degrés, ainsi que le prouve l'histoire de toutes les civilisations; en Asie, en Grèce, en Italie, en Gaule.

Embellis, aussi bien par le temps que par l'imagination des auteurs, ce sont encore les occupations de ces premières époques qui donnent naissance à la poésie pastorale, à l'églogue, à l'idylle, aux bu-

(1) *Deutéronome*, chap. XXII, v. 1, 2, 3, 4.

(2) Samuel, liv. II, chap. 13.

(3) *Exode*, chap. XXI, v. 53, 54.

coliques du mot grec *pasteur*, dont les premiers
modèles nous ont été laissés par Théocrite et Virgile :

Seuls , dans leurs doctes vers, ils pourront vous apprendre
Par quel art sans bassesse un auteur peut descendre ;
Chanter Flore , les champs, Pomone , les vergers ;
Au combat de la flûte animer deux bergers.....

à cette poésie , qui nous présente les dieux eux-
mêmes , comme Apollon , occupés du soin des troupeaux , en même temps qu'elle place ces derniers
sous la protection de divinités spéciales : telles que
Pan , Palès , etc..... , et que des fêtes publiques et
solennelles sont instituées à leur honneur et à celui
des bergers (1)

Ainsi , en tête de la civilisation , on voit marcher,
au premier rang , le plus faible , le plus craintif , le
moins intelligent des animaux , mais aussi , celui
qu'il avait été le plus facile de réduire à l'état de
domesticité et d'y maintenir ; celui dont on obtenait
directement les produits les plus énergiquement
réclamés par deux besoins également impérieux :
le besoin de manger, le besoin de se vêtir (2).

---

(1) Parmi ces fêtes , il faut remarquer celle nommée *Pali-
lies*, dont on trouve la description dans Ovide : *Fastes*, liv. IV.
(2) A cette première idée sur le début de la civilisation , un
orateur éminent du Parlement espagnol , Donoro Cortez , en
ajoutait une autre non moins juste , mais bien moins conso-

A la rigueur, l'existence des premiers hommes l'a suffisamment prouvé, et de nos jours encore nous en voyons des exemples, des individus, des familles entières, peuvent vivre du produit de leurs troupeaux, sans autres relations avec leurs semblables, sans autres denrées que celles fournies par les animaux auxquels ils consacrent leurs soins. Le lait, le beurre, le fromage, la chair, voilà pour la nourriture ; la laine, la peau, voilà pour le vêtement.

Il est à remarquer, d'ailleurs, que ces animaux sont disposés par la nature, pour chercher au loin leur nourriture et pour se la procurer par des déplacements et des courses de tous les jours. Cette activité est non-seulement indispensable à leur santé, mais on voit la brebis que l'on conduit continuellement sur le même pâturage, lever la tête, regarder autour d'elle, et témoigner ainsi du besoin et du désir de visiter d'autres lieux.

Voilà pourquoi, dans un grand nombre de pays

lante. Dans un discours qui eut un grand retentissement, il faisait remarquer que ce qui fermait aujourd'hui la marche de cette même civilisation ouverte d'abord par le mouton, c'était le canon ! .... Oui, le canon, avec lequel plusieurs fois, en France, il a fallu la défendre, soit contre ceux dont le dessein bien arrêté était de la détruire ; soit contre ceux qui se croyaient appelés à la changer ; à lui substituer des théories sans raison et purement imaginaires.

encore, comme dans ceux qui s'étendent au pied
des Pyrénées, des Alpes et des montagnes du centre
de la France, l'usage s'est conservé de conduire
les troupeaux, l'été sur ces montagnes, et l'hiver
dans les plaines qui les avoisinent. Voilà pourquoi,
en Espagne particulièrement, cet usage a donné
lieu à une institution également protégée par la tradition et par les lois, la *Mesta.* Nous croyons devoir
ici en dire quelque chose.

La Mesta espagnole.

« La *Mesta,* qui, dans la vraie acception, signifie
mélange de grains (1), est une réunion de troupeaux
de bêtes à laine qui appartiennent à différents propriétaires, sans tenir proprement à aucun pays, qui
voyagent deux fois tous les ans, qui passent une
partie de l'année dans un endroit, une autre partie
dans un autre. Elle est formée par une société de
propriétaires, de riches monastères, de chapitres,
de grands d'Espagne, de personnes puissantes, qui
font nourrir leurs troupeaux dans les terres en fri-
ches, comme en Angleterre dans les communes.
On appelle ces troupeaux *mérinos* ou *transhumantes* (2). »

---

(1) C'est l'équivalent du mot français *méteil* et du patois
mesture.

(2) Alex. de Laborde : *Itinéraire de l'Espagne,* t. IV, p. 46.

La *Mesta* ne fut d'abord qu'un usage dû à des circonstances de lieu et de temps ; plus tard, la possession en fit un droit. Son origine paraît remonter à l'époque de la grande peste qui ravagea l'Espagne, vers le milieu du XIVe siècle (1). Les survivants à ce grand désastre durent recourir aux troupeaux pour tirer parti des terres forcément abandonnées. De là, les grands pâturages de l'Estramadure, du royaume de Léon, etc.

Les troupeaux de la *Mesta* sont ordinairement composés de 10,000 bêtes, et conduits par un chef supérieur qui prend le nom de *Mayoral*. Il a sous lui cinquante bergers qu'il commande et qu'il dirige. Chaque berger peut avoir, en propriété, quelques chèvres et brebis, mais la laine revient au maître de qui il dépend, et il ne lui reste que le croît, le lait et la chair.

On porte à environ 45 à 50,000 le nombre d'individus employés par ces troupeaux. Quant aux bêtes qu'ils comprennent, le nombre en a souvent varié. Il diminua dans le XVIIe siècle, et augmenta considérablement dans le XVIIIe. On le portait à sept

---

(1) Il s'agit ici de la peste de 1348, que l'historien Hénault mentionne en ces termes ; « Peste générale, qui emporte » une prodigieuse quantité d'hommes. Ce fléau réveilla la » piété ; mais en même temps il fit naître la secte fanatique » des *Flagellants*, qui de la folie passa au brigandage. »

millions dans le XVIᵉ, à deux millions cinq cent
mille sous Philippe III, au commencement du XVIIᵉ.
En 1829, il était encore de cinq millions environ (1).

Ces immenses troupeaux partent vers la fin d'Avril
ou le commencement de Mai des plaines de l'Estramadure, de l'Andalousie, du royaume de Léon,
de la Vieille et de la Nouvelle-Castille, où ils ont
hiverné. Ils se rendent sur les montagnes de ces
deux dernières provinces, sur celles de la Biscaye,
de la Navarre et même de l'Aragon. Les montagnes
les plus fréquentées sont, dans la Nouvelle-Castille,
celle de *Cuenca*; dans la Vieille, celles de *Ségovie*,
de *Soria*, de *Buytrago*.

C'est durant ce voyage que se fait la tonte. Elle a
lieu aux premiers jours de Mai, dans des édifices
spéciaux appelés *Esquileos*, que l'on trouve dissé-
minés sur la route, et où peuvent tenir 40, 50 et
jusqu'à 60,000 bêtes. Il y en a surtout aux environs
de Ségovie, et quelques-uns, comme celui d'*Itur-
viaca*, sont très-renommés. Pour cette tonte, qui
se fait avec solennité et divertissement, on estime

---

(1) D'après les statistiques, on compterait aujourd'hui en
Espagne près de dix-neuf millions de moutons; en 1803, il
n'y en avait que douze millions. Leur produit en laine est
estimé à dix-huit ou dix-neuf millions de kilogrammes. Cette
laine, principalement due aux mérinos et de qualité fort esti-
mée, représente une valeur d'environ 80 millions de francs.

qu'il faut 125 hommes par 1,000 brebis, et 200 par
1,000 moutons.

Des coutumes et des lois régissent l'itinéraire du
voyage et préviennent les désordres, sans cela inévitables. Les troupeaux ont libre passage et dépais-
sance sur les pâturages des villages et communes,
mais non sur les terres cultivées. Dans celles-ci et
pour éviter tout dégât, on réserve un passage de
90 *varas* de largeur (environ 80 mètres). Quand on
traverse des pâturages communaux, on fait huit à
dix kilomètres par jour ; quand on côtoie des terres
cultivées, vingt-cinq environ. En tout, cent vingt à
cent quarante en trente ou trente-cinq jours.

« A la mi-Septembre, » dit encore l'auteur ci-
dessus cité, « on *ocre* les troupeaux ; on leur frotte
le dos et les lombes avec de l'ocre (1) rouge délayée
dans l'eau. Cet usage est fondé sur une ancienne
routine dont on ignore le vrai motif. Selon les uns,
cette terre, incorporée avec la crasse de la laine,
forme un vernis qui la défend des intempéries de
l'air ; selon les autres, le poids de cette terre em-
pêche la laine de croître et la maintient courte. Selon
quelques autres, cette terre absorbe une partie de

_____

(1) Les ocres, ou bols de l'ancienne minéralogie, sont des
substances argileuses colorées par l'oxide de fer. Il y en a de
rouges, de jaunes, etc. Les rouges sont aussi nommés. *Bol
d'Arménie.*

la transpiration qui, étant très-abondante, rendrait la laine dure et grossière. »

A la fin de Septembre, les troupeaux quittent la montagne et descendent vers des stations plus chaudes, vers les pâturages qu'ils avaient abandonnés au printemps : les plaines du royaume de Léon, de l'Estramadure, de l'Andalousie, etc.

La *Mesta* a des règlements et des lois, comme nous venons de le dire, d'abord faits par les intéressés, puis sanctionnés par les souverains, et notamment par Charles Ier, en 1544. Elle a aussi un tribunal spécial, sous le titre de *Honrado consejo de la Mesta* (honoré conseil de la Mesta). Il se compose de quatre juges, sous le nom de *Alcadas mayoros entragadores*; il a pour président un membre du Conseil de Castille. Enfin, ce tribunal connaît de la conservation des priviléges de la *Mesta*; des droits levés sur les bergers et les troupeaux, pour pontage, parcage, péages, etc.; des querelles et voies de fait entre les bergers.

Nous devons dire, cependant, que la *Mesta* est l'objet, depuis quelques années, de vives réclamations de la part des agriculteurs espagnols. Instituée à une époque où l'agriculture de ce pays était peu avancée, on comprend combien elle doit rencontrer de difficultés, aujourd'hui que cette agriculture tend de plus en plus à se développer et à se perfectionner.

Ajoutons aussi que tous les moutons espagnols ne sont pas soumis au double déplacement annuel que nous venons de signaler, et dont la cause principale est due à un climat qui, en hiver, couvre de neige les pâturages des montagnes, et en été, grille ceux des plaines. Les troupeaux voyageurs sont dits *transhumantes :* ce sont les plus estimés pour la laine. Il en est aussi de sédentaires : ce sont les *estantes;* ceux-là ont une laine généralement inférieure, et on les rencontre plus particulièrement aux environs de Burgos et de Madrid.

§ IV

Produits du Mouton pendant sa vie et après sa mort.

L'espèce ovine n'a pas, comme l'espèce bovine, l'avantage de s'associer directement aux travaux des champs et d'en alléger la rigueur; néanmoins, son importance est capitale dans l'économie rurale, soit par ses produits immédiats, soit par l'influence qu'elle exerce sur l'ensemble de cette économie. Aussi, Olivier de Serres ne craint-il pas de dire que « c'est comme un corps sans âme qu'une métairie sans bétail, et que la terre semble se réjouir quand on la voit augmenter en rapport à mesure des bêtes qu'on lui donne à nourrir. »

Nous tirons de cette espèce du lait semblable à

celui de la vache, de la laine, un engrais d'une grande valeur. Nous en tirons aussi une viande abondante et d'excellente qualité ; et des peaux dont les arts font un grand usage.

Nous devons ici nous borner à la simple mention de tous ces produits, en regrettant particulièrement de ne pouvoir entrer dans quelques détails sur la laine ; cette matière de tous temps employée au vêtement de l'homme et, tout-à-fait, exclusivement même, jusqu'au règne de Jules César, époque où l'on commença à user pour cet objet de toile de fil.

ART. VIII.

Races ovines de la France en général.

Dès les temps les plus reculés, dès les temps des Celtes et des Gaulois, il y avait dans notre pays de nombreux troupeaux, ainsi que le comportaient d'ailleurs à cette époque, et l'état social de ses habitants, et la situation de ses terres. Cette remarque se trouve consignée dans les ouvrages les plus anciens, ceux de Tacite et de Jules César. On apprend encore de ces auteurs que nos aïeux, par les soins qu'ils prenaient de leurs troupeaux et par les qualités qu'ils savaient leur donner, étaient bien supérieurs aux Germains (1). On sait égale-

_____

(1) Tacite : *Germanie*, chap V. — Jules-César, l. 4, chap. II.

ment qu'ils étaient très-versés dans l'art de pré-
parer la laine, de la filer et d'en fabriquer des
étoffes que recherchait le commerce; qu'ils élevaient deux races distinctes : l'une à laine grossière, l'autre à laine fine. Enfin, on voit, dans
Columelle, que de son temps, les brebis venues de
la Gaule passaient pour avoir le plus de renom (1).

Plus tard et à mesure des transformations de l'a-
griculture, les troupeaux durent diminuer en nombre; mais les soins à leur donner furent toujours
une des branches essentielles de cette agriculture.
C'est ainsi que plusieurs provinces de France
durent à leurs troupeaux une réputation méritée et
des produits d'une grande valeur.

Alors, comme de nos jours encore, toutes les
races admises pouvaient être ramenées à deux genres distincts : les races à *laine frisée*, les races à
laine lisse.

Les premières étaient particulières au Midi. La
douceur du climat de ces contrées, des herbages
plus toniques qu'abondants, étaient les causes du
peu d'ampleur de ces races; de la délicatesse de
leur chair et de la beauté de leur laine.

Les secondes appartenaient au Nord. Elles
étaient plus amples, plus robustes, plus avanta-

---

(1) *De Re rustica*, l. 7, chap II.

geuses à la boucherie, et leur laine était moins
fine, bien qu'elle pût prendre cependant des qualités précieuses.

Vers le milieu du siècle dernier, en 1762, l'abbé
Carlier publia, sur ce sujet, un ouvrage du plus
haut intérêt (1), dans lequel il exposa avec méthode
et clarté l'état de la France par rapport à ses pos-
sessions en bêtes ovines.

D'après ce judicieux observateur, il était facile de
distinguer alors dix races ou variétés principales
que l'on rencontrait successivement en traversant
le royaume du Midi au Nord, en partant du Rous-
sillon et se rendant en Flandre. A cette première
extrémité se trouvait le type des laines frisées, à la
dernière celui des laines lisses. Puis l'on voyait s'a-
moindrir de plus en plus ces caractères dominants,
selon que l'on allait du Midi au Nord ou du Nord
au Midi.

---

(1) *Considérations sur les moyens de rétablir en France
les bonnes espèces de bêtes à laine.* Paris, 1762.

Claude Carlier (l'abbé) était né à Verberie en 1725; il
mourut prieur d'Andrésy, le 25 avril 1787. Carlier, dit une
de ses biographies, remporta dans sa vie neuf prix acadé-
miques, dont quatre à l'Académie des Inscriptions. Ce fut le
contrôleur général Bertin qui l'envoya dans toutes les provinces de la France pour examiner l'état de production de
l'espèce ovine, la quantité et la qualité des laines, etc.

Pour donner une idée de cette curieuse classification, souvent reproduite dans des ouvrages postérieurs, nous citerons seulement ses deux points extrêmes : celui où elle commence, celui où elle finit; celui où se trouve le type à laine frisée et celui où se trouve le type à laine lisse.

1. — TYPE À LAINE FRISÉE, VARIÉTÉ OU RACE DU ROUSSILLON.

A. — *Longueur de l'animal*. De 0ᵐ 810 à 0ᵐ 970.

B. — *Toison*. Fine, tassée, à mèches frisées, de 0ᵐ 027 à 0ᵐ 040; pesant 1ᵏ 46 à 2ᵏ en suint.

C. — *Viande*. Pesant nette 15ᵏ; délicate et parfumée.

D. — *Habitudes*. Habitués à voyager de la plaine à la montagne et de la montagne à la plaine, comme les moutons espagnols.

E. — *Observations*. La plus fine des races anciennes. D'après Carlier, elle serait directement originaire d'Afrique, et l'introduction de ses premiers ascendants remonterait au XIV siècle. D'après Lullin de Châteauvieux, elle nous serait venue d'Espagne.

(*Ici se placeraient huit variétés ou races intermédiaires : Languedoc, Provence, Auvergne, Poitou et Saintonge, Berry, Sologne, Ardennes, Picardie*).

2.. — TYPE A LAINE LISSE, VARIÉTÉ OU RACE DE LA
FLANDRE.

A. — *Longueur de l'animal*. De 1ᵐ 460 à 1ᵐ 620.

B. — *Toison*. A mèches longues, pendantes,
pointues.

C. — *Viande*. Pesant nette de 45 à 65ᵏ; plus remarquable par son abondance que par sa qualité.

D. — *Habitudes*. Exigeant une nourriture abondante et substantielle, telle qu'on la trouve dans
les riches pays de plaine.

E. — *Observations*. La plus grande des races
françaises et d'une fécondité telle qu'on peut obtenir des brebis, d'après Thomas Corneille (*Dictionnaire géographique*), trois agneaux par an et quelquefois quatre, cinq, mais rarement sept; ce
qu'elles ne font pas cependant, ajoute le même
auteur, et nous l'en croyons sans peine, quand
elles sont transportées ailleurs.

Cette race serait originaire, comme celles d'Angleterre et de Hollande, des Indes-Orientales, et
son introduction remonterait au XVIᵉ siècle. Son
éducation ne pourrait avoir lieu dans les pays où
l'agriculture ne lui fournirait pas une nourriture
également abondante l'hiver et l'été.

ART. IX.

Races ovines du département de la Gironde en particulier.

Pour ce qui regarde notre pays, le département de la Gironde, à proprement parler, l'espèce ovine n'y compte qu'une seule race distincte et assez bien définie : la race des landes, ou, comme le dit le programme du Concours annuel d'animaux de boucherie de Bordeaux, la *petite race des Landes*.

« De temps immémorial, dit Jouannet, l'éducation des bêtes à laine est, dans nos landes, une des principales branches de l'industrie. » Comme démonstration des mœurs pastorales des habitants de cette contrée, le même auteur, parlant du Zodiaque sculpté sur une des portes d'entrée de la belle cathédrale de Bazas, fait remarquer que le signe du Capricorne y est exprimé par un chevrier, vêtu de la cape landaise et ayant devant lui sa chèvre broutant au pied d'un arbre.

Or, il n'y a pas bien longtemps que les troupeaux des landes ont cessé d'être un mélange de chèvres et de moutons. En 1787 encore, Arthur Young, traversant ce pays, remarqua que dans ces troupeaux, *il y avait autant de chèvres que de moutons*. Cela s'explique, au surplus, par plusieurs raisons. D'abord par l'idée où l'on est, que la chèvre fait plus de fumier que le mouton ; puis par la préférence donnée au lait de chèvre, pour les fromages nommés *chivichous ;* puis, enfin, parce qu'il paraît établi, chez ces hommes simples et crédules, que les chèvres, dans un troupeau, détournent les maléfices.

Ce qui est positif, c'est que la contrée, par son état et par ses ressources, devait nécessairement retenir l'agriculture, plus longtemps que partout ailleurs, dans la période pastorale plus ou moins complète. C'est qu'enfin, pour des terres tourbeuses et acides, le fumier essentiellement alcalin des bêtes à laine, l'expérience le prouve encore chaque jour, était celui qui avait le plus de valeur.

Il serait difficile, sans doute, d'assigner une origine aux troupeaux des landes et de signaler la souche dont ils sont sortis. Cependant, en admettant, ce qui semble le plus probable, qu'ils sont descendus des Pyrénées, on a une preuve remarquable de l'influence capitale que peut exercer sur les animaux l'action soutenue d'un climat, d'une nourriture et d'un régime tout particulier. On comprend ainsi combien est étroite la dépendance des animaux et des végétaux à l'égard du sol ; combien celui-ci a de puissance pour les élever ou les abaisser au niveau de sa valeur et combien il a été vrai de dire, en fait de bestiaux :

> Tant vaut la terre,
> Tant vaut la bête.

Nous n'avons pas ici à retracer de nouveau le
curieux et intéressant tableau des landes dites de
Gascogne ou de Bordeaux; bornons-nous seulement
à quelques détails sommaires sur la race de moutons qu'on y élève et sur les faits principaux du régime auquel on l'y soumet.

La brebis des landes est de petite taille, de couleur ordinairement blanche; elle donne en laine,
terme moyen, 0 kil. 50 quand elle nourrit, et 1 kil.
quand elle ne nourrit pas. Ce dernier poids est
aussi celui de la toison du mouton.

Le nombre de ces animaux n'a jamais été donné
d'une manière exacte, et cela se comprend à cause
de la difficulté du recensement dans un pareil pays.
C'est ainsi qu'on l'a porté, dans la Gironde seulement, à 500,000 têtes; mais ce nombre paraît exa-
géré plus encore aujourd'hui par rapport aux grands
semis de pins.

Les troupeaux de 150 à 160 têtes, en moyenne,
sont conduits par un berger, dont on connaît le
costume pittoresque, surtout les échasses et par un
fort chien. Ils parcourent de vastes étendues de
landes, souvent inondées, couvertes de bruyères et
de graminées particulières aux terrains siliceux. Des
incinérations (1), fréquemment dangereuses pour

_____

(1) Ces incinérations sur lesquelles on trouvera des détails
dans l'*Agriculture*, année 1854, p. 259, donnent lieu à des

les forêts de pins, sont pratiquées en vue de l'amélioration de ces pâturages.

Le soir ils trouvent un abri dans des parcs ordinairement construits sur le plan le plus simple. Ils sont en bois, de forme carrée, quelquefois ronde. Une partie est couverte en tuile creuse ou en chaume, c'est le *parc proprement dit*; l'autre est découverte, c'est la *parquère*. Ainsi, les animaux peuvent à volonté et selon le temps, passer la nuit à couvert ou la passer en plein air. C'était le conseil de Daubanton.

On obtient de ces troupeaux, par 100 de brebis, un croît de 70 à 80 agneaux; on en sauve environ 50 à 60, parmi lesquels quelques mâles qui sont châtrés à trois mois. La moitié de ce produit est envoyé au marché après avoir tété deux et trois mères. Des maladies fréquentes atteignent ces bêtes, exposées d'ailleurs, durant l'hiver et l'été, à de grandes souffrances. Telles sont la *picotte* (claveau) et la *galle*, ainsi que deux autres maladies appelées, par les pasteurs, le *maltort* et l'*amoure*. On jugera, au reste, de la mortalité dans les landes par cette

---

étendues gazonnées désignées par le nom de *Bleues*, et que les lièvres recherchent autant que les troupeaux. La plante qui s'y établit le plus est une graminée que les brebis aiment beaucoup, la Fétuque durète (*Festuca duriuscula*). Le reflet glauque de cette plante explique très-bien le nom ci-dessus.

constatation faite à Bordeaux, il y a quelques an
nées : aux foires de Mars et d'Octobre, il fut reçu,
dans cette ville, 20,800 kil. de peaux de brebis
venant des landes.

L'usage est également de former des troupeaux
séparés de brebis, de moutons ou d'agneaux. Ceux-
ci étant désignés sous le nom de *Pélocs*, le berger
prend celui de *Pélouquëy*.

La facilité des communications et l'augmentation
de valeur des denrées alimentaires, ont excité l'industrie des bergers des landes. Autrefois, les premiers agneaux se voyaient sur nos marchés la veille
de Pâques ; aujourd'hui, ils y paraissent dès le
1er Janvier. Généralement c'est à l'âge d'un à deux
mois qu'ils y sont vendus ; souvent après avoir été
engraissés au parc avec du regain, des pommes de
terre, du son, du seigle vert, des glands. Ils pèsent
6 à 7 kil., et leur valeur est de 7 à 8 fr. (1).

---

(1) Depuis 1849, époque où fut tenu pour la première fois
le Concours d'animaux de boucherie de Bordeaux, les moutons landais ont figuré sur le programme de ce Concours.
Or, bien qu'il nous manque quelques pesées des sujets de
cette race annuellement primés, nous en avons assez cependant (12) pour pouvoir établir combien, depuis quinze ans,
ils ont acquis du développement.
Pendant la période comprise de 1849 à 1859, les lots de
dix têtes, annuellement primés, offrent un poids moyen de
586 kilog., et pendant la période de 1860 à 1864, un poids
moyen de 530 kilog.

Les moutons sont l'objet de ventes qui les font
passer successivement de commune à commune et
de propriété à propriété : circonstance qui semble
les rendre moins sujets à la picotte. A quatre ou
cinq ans, ils sont engraissés, soit sur quelques
propriétés privilégiées des landes et avec le secours
des glands quand les années en sont abondantes ;
soit sur les bords de la Garonne ; soit dans les prés
salés de La Teste. Ils pèsent de 15 à 20 kil., poids
net, et fournissent une excellente viande.

Dans le Bas-Médoc, des pâturages, de beaucoup
supérieurs à ceux des landes, ont très-sensiblement
amélioré une race évidemment la même que celle
ci-dessus, quant à l'origine, « mais qui semble annoncer, dit un auteur déjà cité (1), qu'elle descend
d'un croisement ordonné par le ministre du plus
fastueux des rois, l'illustre Colbert, qui avait fait
venir des mérinos d'Espagne, et les avait répandus
dans cette partie de l'ancienne Aquitaine (2). »

---

(1) Thore : *Promenades sur les bords du golfe de Gascogne*, p. 179.

(2) Une autre cause de détérioration pour ces troupeaux
se trouve ainsi rapportée dans la *Statistique de la Gironde :*
« Dans le Bas-Médoc, après la guerre d'Espagne, en 1795,
» la race indigène, supérieure à la race ordinaire des Lan-
» des, perdit beaucoup de sa valeur, lorsque des troupes de
» loups, épouvantés par le bruit des armes, descendirent des

La portion de notre département, située entre la Garonne et la Dordogne, et dite *Entre-deux-Mers,* était autrefois très-riche en pâturages et en bêtes ovines. Un poète, né dans cette localité vers le milieu du XVIe siècle, nous en donne l'assurance suivante :

> Et soit ou devers l'un, ou vers l'autre rivage
> Verdoye entre les fleurs le tendre pâturage,
> De *cent mille troupeaux,* portant leur poil laineus
> Aussi blanc comme lait, frisé de mille nœuds.
>
> (P. DE BRACH : *Hymne de Bordeaux.*)

Dans ces derniers temps encore, on trouvait dans cette contrée, dont les forêts ont été en très-grande partie détruite, quelques troupeaux dont l'origine paraissait se rattacher à ceux du Berry et du Poitou.

Enfin, sur la rive droite de la Dordogne, dans l'intérieur des arrondissements de Libourne et de

---

» Pyrénées et se jetèrent sur le Médoc. Avant cette époque,
» les troupeaux, habitués à coucher en plein air, excepté
» dans les temps rigoureux, avaient été exempts de mala-
» dies, et leur laine était belle ; mais les ravages exercés
» par les loups ayant forcé les habitants à renfermer leurs
» brebis dans des bergeries mal aérées, ces animaux, pres-
» sés les uns contre les autres, en souffrirent, et leur laine
» à demi feutrée n'eut plus la même valeur dans le com-
» merce. »

Blaye, sur les landes qu'ils renferment, il y a aussi des bêtes à laine d'assez chétive apparence, variant, quant à la couleur, du blanc au roux et au noir, et dont l'origine est très-certainement saintongeaise.

ART. X

Amélioration de l'espèce ovine en France.

D'après l'exposé rapide que nous venons de faire de l'état primitif de l'espèce ovine en France, on voit qu'il y avait déjà, dans plusieurs parties de ce pays, des éléments précieux pour former de bonnes races ; par l'amélioration patiente et soutenue de ces éléments eux-mêmes, et par celui du régime suivi jusque-là pour l'élève du mouton.

Néanmoins, on pensa qu'il serait plus prompt et plus sûr d'agir par introduction directe de sujets étrangers. Moyen hardi, comme nous le verrons plus tard, que recommanda le succès, il est vrai, mais qu'il ne faudrait pas cependant considérer comme devant réussir toujours et partout.

La première idée d'amélioration de ce genre eut pour motif capital celle des laines, et remonte au règne de Louis XIV. Colbert, beaucoup plus préoccupé, il est vrai, des intérêts de l'industrie que de ceux de l'agriculture, voulut, en y recourant, tout à la fois affranchir son pays de l'énorme tribut qu'il payait à l'étranger, et garantir aux manufactures françaises les laines fines dont elles avaient besoin. Sous cette double influence, quelques tentatives furent faites pour l'introduction en France, notamment des mérinos espagnols, mais on manque complètement de détails sur les époques et les résultats de ces tentatives. Celles qui suivirent sont beaucoup mieux connues.

Beaucoup plus tard, on sentit l'opportunité de concilier ensemble les deux produits essentiels de l'espèce ovine, la laine et la viande; et, pour la solution de ce second problême, évidemment plus difficile que l'autre, on eut encore recours au même moyen : à l'introduction de sujets étrangers, principalement empruntés à l'Angleterre.

Examinons séparément ces deux genres de tentatives, dignes l'un et l'autre de toute notre attention, au double point de vue de l'histoire de l'agriculture française en général, et de l'histoire de l'agriculture de notre localité en particulier.

Introductions principalement en vue de l'amélioration de la laine.

MÉRINOS D'ESPAGNE.

Pour cette introduction, et comme l'avait déjà fait Colbert, on tourna les yeux vers l'Espagne, dès longtemps en possession d'une précieuse race ovine par rapport à la laine, de la belle race mérine, ou des mérinos (1).

S'il fallait s'en rapporter à l'opinion de l'abbé Rozier, ce serait au temps de Columelle; c'est-à-dire au premier siècle de l'ère chrétienne, qu'il faudrait remonter pour assister à l'origine d'un avantage dont l'Espagne n'a pas cessé de jouir depuis. Voici, effectivement, ce qu'on lit dans l'illustre auteur latin dont la famille était de Gadès, aujourd'hui Cadix : «Comme l'on avait amené, des environs de l'Afrique, à des gens qui donnaient en spectacle des bêtes rares dans la ville municipale de Gadès, entre plusieurs autres bêtes féroces, des béliers sauvages et farouches d'une couleur admirable, M. Columelle, mon oncle paternel, homme d'un génie pénétrant et célèbre agriculteur, en acheta quelques-uns qu'il transporta dans ses terres, et qu'il fit accoupler avec ses brebis *couvertes de peaux*, après les avoir apprivoisés. Les premiers résultats furent des agneaux dont la toison était à la vérité grossière, quoique de la même couleur que celle du père ; mais ces agneaux ayant,

---

(1) Ce nom signifierait *venu d'outre-mer*, et ferait allusion à l'origine étrangère de ces animaux. Il faut remarquer aussi que les Espagnols appellent la laine fine, frisée, crépue et délicate, *lana merina*, et les animaux qui la portent *ovejas merinas* ; enfin, ils donnent au pasteur chargé du soin des troupeaux le nom de *Merino*.

par la suite, couvert des brebis de *Tarentum*, donnèrent des béliers dont la toison fut plus fine. Après quoi, tout ce qui résulta de ces derniers se trouva rendre la douceur de la mère, conjointement avec la couleur du père et celle du grand-père (1). »

. Sans remonter aussi haut, il paraît constant que, dans ce pays, les troupeaux étaient déjà nombreux et estimés au temps des Goths, au VIIIe siècle. Ils le furent moins sous les Maures, devenus à leur tour maîtres du pays, après la bataille de Xérès, et

---

(1) Ce passage, extrait du t. II, liv. 7, chap. 2, nous apprend, en outre, qu'il était des brebis que les anciens couvraient d'une peau, afin de conserver leur toison. Un autre passage du même livre, chap. III, recommande de ne pas conduire ces bêtes dans des forêts piquantes, parce que, y est-il dit, « celles qui sont couvertes de peaux perdent aussi » par là leur couverture, dont la réparation jette dans de » grandes dépenses. »

Dans le chap. 2 du même livre, l'auteur avait déjà cité les brebis de *Tarentum*, ville d'Italie qui avait attiré les armes de Pyrrhus dans ce pays. Puis il ajoutait : « Aujourd'hui celles » des Gaules passent pour avoir le plus de renom, et notam- › ment celles d'*Altinum*. » Cette dernière ville, dès long-temps détruite, se trouvait dans la Marche Trevisane, en Gaule Cisalpine.

Au surplus, on trouve dans les Mémoires de la Société royale et centrale d'Agriculture de Paris, année 1846, p. 244, un travail de M. Dutrochet, qui ferait remonter jusqu'aux Égyptiens l'existence des mérinos.

leur dégénérescence même était telle au XIVᵉ siècle,
qu'il fallut une circonstance tout-à-fait fortuite pour
les rétablir. « Lorsque le prince héréditaire de Castille, fils du roi Henri III, épousa Catherine, fille
du duc de Lancastre, en 1394, cette princesse lui
apporta, en dot, un grand troupeau de superbes
brebis. Ces animaux s'acclimatèrent si bien dans la
Castille, qu'ils devinrent bientôt la branche la plus
considérable du commerce ». (1).

De son côté, l'abbé Carlier raconte ainsi l'origine
de la belle race ovine d'Espagne : « Vers le milieu
du XIVᵉ siècle, dit-il, la France trouva dans l'Espagne une puissance qui la supplanta sans rivalité.
Dom Pèdre IV, roi de Castille, ayant appris qu'il y
avait en Barbarie des moutons d'une espèce excellente qui faisaient à leur propriétaire un grand profit,
résolut d'en établir la race dans ses états. Il sollicita
et obtint d'un prince Maure qui régnait en Afrique,
la permission de transporter de Barbarie en Espagne
des béliers et des brebis de la plus belle espèce. »

Cette importation serait, selon lui, l'origine des
belles laines de Castille. Cependant, la race qui avait
très-bien réussi pendant deux siècles étant encore
venue à dégénérer, le cardinal Ximénès la restaura
par de nouvelles importations.

---

(1) Alex. de Laborde : *Itinéraire d'Espagne*, t. IV, p. 41.

Quoi qu'il en soit de cette origine, peut-être un peu confuse, l'Espagne s'était toujours montrée extrêmement jalouse de sa race ovine, et l'exportation des sujets de cette race était défendue sous les peines les plus sévères. On ne citait encore, comme en ayant obtenu officiellement, que la Suède, en 1715 et en 1723, et la Saxe, en 1765 et 1778 (1). Ce ne fut que vingt ans plus tard que la France fut admise au même bénéfice.

Déjà, dès 1750, on s'était appliqué, dans notre pays, avec le concours toujours salutaire du Gouvernement, de l'amélioration de nos races indigènes. Un célèbre intendant du Béarn, M. d'Étigny, avait eu recours même à l'introduction de quelques béliers des belles races transhumantes de l'Espagne. On citait aussi, dans cette voie de progrès, M. de la Tour d'Aigues, premier président au Parlement d'Aix; M. de Barbançois, brigadier des armées du roi en Berry. Un peu plus tard, en 1776, Daubanton (2), le compatriote, l'ami, le collaborateur de

---

(1) Les mérinos, tout-à-fait acclimatés en Saxe, y ont donné lieu à la production de deux sortes principales de laine. L'une dite *Nigretti* ou *Infantado*, est très-élastique, épaisse, serrée. L'autre, dite de l'*Escurial* ou *Electorale*, est moins crépue, tournée doucement en spirales, et forme des touffes longues et aiguës.

(2) L.-J.-M. Daubanton était né à Montbart, en 1716. Il

Buffon, avait entrepris, sous les auspices de Trudaine, ce même genre d'amélioration, toujours avec le secours du sang espagnol et une part de 200 bêtes que Turgot avait fait venir d'Espagne. Pendant vingt ans, le petit troupeau, formé et entretenu à Montbart par ce naturaliste, fournit des béliers et des brebis à tous ceux que guidaient d'ailleurs, dans leurs tentatives, ses excellents traités sur la matière.

En 1785, Louis XVI ayant acheté, du duc de Penthièvre, la terre de Rambouillet ; et en ayant confié la direction à d'Angivilliers, celui-ci, conseillé par Tessier (1) et soutenu par Trudaine, obtint du roi le placement, dans cette terre, d'un troupeau de mérinos purs. Sur une demande écrite de sa main, et adressée par le monarque français au roi d'Espagne, son beau-frère, toutes facilités furent accordées à notre ambassadeur à Madrid, M. de La Vauguyon, pour l'achat et la sortie de ce troupeau.

---

mourut en 1800. En rendant compte des travaux auxquels il se livra pour introduire en France les Mérinos, il disait : « M. Trudaine ne m'a rien laissé à désirer de tout ce qui » pouvait m'être utile pour remplir mon objet. »

(1) L'un des collaborateurs du *Dictionnaire universel et raisonné d'Agriculture*, édité pour la seconde fois en 1821 ; auteur d'une *Instruction sur les bêtes à laine, et particulièrement sur la race des Mérinos*, 1811 ; fondateur des *Annales de l'Agriculture française*, an IV.

Deux Espagnols des plus capables en cette matière, don Ramira et André Gilles Hernans, furent
chargés de son choix. Ils le composèrent de 383
bêtes prises dans les meilleures bergeries ou *cava-*
gnes : 42 béliers, 334 brebis, 7 moutons conducteurs. Réuni aux environs de Ségovie, ce troupeau
se mit en route, le 15 Juin 1786, sous la conduite
d'Heruans, comme maître berger, et de quatre
autres Espagnols. Le voyage fut lent, et le mauvais
temps le surprit dans les landes de Bordeaux; plusieurs bêtes moururent, mais des agneaux nés en
route les remplacèrent. Enfin, il arriva à Rambouillet le 12 Octobre 1786, au nombre encore de 366
bêtes : 41 béliers, 318 brebis et les 7 moutons
conducteurs.

D'abord placé dans des locaux provisoires, l'hiver
suivant le réduisit à 331 bêtes, et les Espagnols, en
repartant pour leur pays, le 4 Avril 1787, le crurent
perdu. Mais, heureusement, il n'en fut pas ainsi :
le directeur de l'établissement, homme habile et
dévoué, M. Bourgeois, et un berger français des
plus intelligents, Clément Delorme, surent le maintenir en bon état, et assurer ainsi le bien qu'il devait
produire et dont la réalisation, néanmoins, ne laissa
pas de présenter quelques difficultés.

Quelques personnes furent d'avis que le roi seul
devait conserver des animaux d'une aussi haute
valeur. D'autres, et le monarque partagea cet avis,

voulurent au contraire qu'il les distribuât à titre de
don royal, et pour favoriser la propagation de la
race. Mais ce qu'on donne, hélas ! n'est guère recherché ; aussi fallut-il en venir à les vendre. « Alors,
dit M. Tessier, les personnes d'une certaine classe
en achetèrent pour faire leur cour au roi ; d'autres
s'en pourvurent par spéculation, parce qu'elles
entrevoyaient des profits à faire en les multipliant,
ou en s'en servant pour améliorer leurs troupeaux
de races communes. »

Deux oppositions surtout s'élevaient contre les
Mérinos français. D'abord de la part des manufac-
turiers, obligés ainsi à changer leurs relations,
leurs modes d'approvisionnements, leurs agents, en
matière de laines fines ; puis de celle des bouchers,
qui crurent devoir faire des reproches à la viande
et au suif des Mérinos. Mais les temps marchaient,
et la Révolution s'avançait à grands pas. Elle éclata
enfin, et ce ne fut pas sans peine que le troupeau
de Rambouillet lui échappa : son origine, les hommes qui s'en étaient occupés, son but même, tout
cela lui était peu sympathique ; et il fallut tout le
dévouement d'hommes tels que Tessier, Cels, Gilbert, Vilmorin, Huzard, Labergerie, Parmentier,
Bourgeois, etc., pour faire comprendre que la bergerie de Rambouillet pouvait être utile à la *nation.*

Le 22 Juillet 1795, un traité de paix était signé
à Bâle entre l'Espagne et le Directoire. Le repré-

sentant de la France dans cette grande négociation,
le diplomate Barthélemi eut l'habileté de faire insé-
rer dans le traité que l'Espagne céderait à la France
4,000 brebis et 1,000 béliers mérinos, ainsi que
200 chevaux andalous. Cependant ce ne fut qu'environ cinq ans après que Gilbert se rendit en Espagne, par ordre du gouvernement pour y commencer quelques achats en bêtes à laine. On sait qu'il
y trouva la mort.

Ici nous ne suivrons plus avec détail, ni les
autres importations de mérinos faites en vertu du
traité de Bâle. et dont la dernière est de l'année
1803, ni celles qui se firent sous le règne de
Napoléon Ier. Nous ne mentionnerons non plus que
par leurs noms les bergeries impériales, autres
que celles de Rambouillet, qui furent successivement établies sur le territoire français, de 1804 à
1808.

Ainsi la bergerie de Perpignan (Pyrénées-Orien-
tales); celle de Pompadour (Corrèze); celle de
Saint-Georges (Rhône); celle de Clermont (Puy-
de-Dôme); celle de Rorthey (Vosges); celle de
Palaud-Weiss-Weiller (La Roër); celle d'Arles
(Bouches-du-Rhône); celle de l'Ouest ou de Nan-
tes (Loire-Inférieure); celle d'Ober-Emmel (Sarre)
dont le décret de fondation, en date du 7 Décembre
1805, fut signé au quartier-général d'Austerlitz.

Nous laisserons également de côté la longue

nomenclature des bergeries privées fondées sur plusieurs points de la France, nous réservant seulement de parler, ci-après, de celles que virent établir nos contrées. Enfin, nous ne ferons non plus que mentionner un autre genre de propagation de la race mérine, connue sous le nom de *Dépôts de béliers*. Ces dépôts furent formés sous le ministère de M. de Montalivet ; ils furent la conséquence de ces paroles prononcées par Napoléon, devant qui l'on parlait de la nécessité d'engraisser pour la boucherie des béliers mérinos qu'on ne pouvait vendre. « Comment ! s'écria-t-il, châtrer des béliers « mérinos, c'est un crime comme de châtrer des « chevaux arabes. Je veux empêcher cela. S'il faut « dépenser 20,000,000, je les dépenserai ! »

Dans tous les établissements dont nous venons de parler on conserva le mode de propagation des sujets à placer par ventes publiques et l'on comprend que l'état politique de la France, aussi bien que celui de l'agriculture, durent influer de la manière la plus directe sur les prix obtenus dans ces ventes. A certaines époques, ces prix furent très-bas ; mais à d'autres ils montèrent très-haut, et c'est ainsi qu'à Rambouillet, en 1825, un bélier fut vendu 3,870 fr. et une brebis 650.

Notre pays, la Gironde et les autres départements du bassin inférieur de la Garonne, ne resta pas en arrière du mouvement dont nous venons de pré-

senter le tableau. Là aussi existaient des éléments
dont on pouvait tirer parti pour les améliorations
proposées, et le pays y concourait par quelques
avantages particuliers d'une certaine valeur. Les
bergeries royales et impériales ne vinrent pas, il
est vrai, exciter notre zèle; mais des hommes riches
et dévoués, heureuse et trop rare alliance pour le
succès, y suppléèrent par des établissements particuliers.

Le premier de ces hommes fut M. le comte Dijon,
grand propriétaire dans l'arrondissement de Nérac
(Lot-et-Garonne), député sous la restauration, ami
sincère du progrès et de tout ce qui pouvait tourner
au profit de ses concitoyens. « Quelques temps
après l'importation de Gilbert, M. Dijon forma le
projet de faire venir d'Espagne un troupeau. Il demanda au gouvernement de pouvoir profiter de la
condition insérée dans le traité de Bâle, sans laquelle il n'aurait pu se le procurer. Le bureau
consultatif d'agriculture, auquel il s'adressa, fut
d'avis que cette permission devait être accordée,
puisque c'était un avantage dont il voulait faire
jouir son pays. Homme riche, ami du bien, il cher-
chait les occasions d'être utile; il répandit par ce
moyen, l'amélioration des laines dans plusieurs
parties du Midi (1). »

---

(1) Tessier : *Histoire de l'introduction des Mérinos en
France.*

Dans un ouvrage publié en 1806, la *Statistique du département de Lot-et-Garonne*, par M. Lafont-du-Cujula, cette tentative se trouve signalée, ainsi que celle faite, encore dans le même arrondissement, par M. le comte de Père, sénateur. Le *Manuel d'Agriculture*, publié par ce dernier, également en 1806, tout en recommandant l'introduction des Mérinos, ne donne cependant sur ce sujet important que très-peu de détails.

Dans les landes, sur lesquelles on dut d'abord jeter les yeux, soit parce que telle est l'habitude toutes les fois qu'il s'agit de quelque importation agricole, soit parce qu'en réalité c'était là le grand pays d'élève, un ardent et puissant propagateur se révéla, M. Poyferré de Cère, qui, par ses écrits et ses exemples, contribua beaucoup à l'introduction du Mérinos. « Désormais, disait, en 1810, l'auteur des *Promenades sur les côtes du golfe de Gascogne*, on ne pourra parler de Mérinos, sans citer honorablement les quatre parcs qui lui appartiennent, et qui sont *Cère*, le *Sen*, *Monluc* et le *Poteau*; placés aux quatre angles d'un trapèze au nord de Roquefort. C'est aussi assurément pour récompenser son zèle que S. M. l'a décoré de l'étoile de la Légion-d'Honneur. »

C'est encore un fait intéressant que nous revèle le même auteur, quand il ajoute, au sujet de M. de Poyferré : « Pour arriver plus sûrement à son but, par le moyen des croisements, il a renoncé à la race chétive des Landes, et lui a substitué celle du Médoc qui est plus belle, et qui, quoique dégradée, semble annoncer qu'elle descend d'un croisement, etc.,... » celui ordonné par Colbert et duquel nous avons déjà parlé.

De son côté, Tessier, dans l'ouvrage cité ci-dessus, raconte ainsi la fin de cet établissement : « Cette bergerie prospérait, lorsque l'invasion de l'armée anglo-espagnole vint, au commencement de 1814, la désorganiser et lui porter un coup funeste dont elle ne put se relever. Le régisseur, forcé de faire conduire le troupeau en différents lieux pour lui procurer une retraite sûre et favorable qu'il ne trouvait pas, ne put le conserver en bon état : il périt une grande partie des animaux ; ce qui en restait fut donné en cheptel à M. Mac-Mahon, propriétaire dans le département du Gers. Tel fut le sort de cet établissement, dont on n'a pu profiter longtemps à cause des circonstances. »

Comme ceux de Lot-et-Garonne et des Landes, le département de la Gironde eut aussi une bergerie destinée à propager dans ses campagnes la race des Mérinos. Elle l'a dut d'abord à M. Journu-Aubert, sénateur, propriétaire de la terre de *Tustal*, commune de Sadirac, canton de Créon, et successivement à son gendre, M. Legrix de Lassalle, membre du corps législatif et continuateur de ses travaux agricoles.

» Ce troupeau, disait Tessier, en parlant du troupeau de *Tustal*, mérite qu'on en fasse mention, parce qu'il a été formé d'animaux puisés dans des importations du gouvernement, et dans une des premières faites en conséquence du traité de Bâle, dont il a été parlé plus haut, et qui fut permise à M. Dijon... Ces animaux portaient les marques des belles *cavagnes* dont ils étaient extraits, telles que celle de *Négrette*, de *Paular*, de l'*Escurial*, etc..., »

Dans un rapport présenté par deux de ses membres, MM. Dudevant et Villers, à la Société des Sciences de Bordeaux (avant et depuis Académie des Sciences, Belles-Lettres et Arts), dans l'année 1807, on trouve sur ce même troupeau de très-intéressants détails.

« Les premiers Mérinos furent introduits à *Tustal*, disent les deux sociétaires, en l'an X (1802), au nombre de deux béliers et neuf brebis ; on y ajouta, en l'an XI, (1803), un bélier et dix-neuf brebis, et en l'an XII (1804), un bélier et treize brebis. Cette réunion si faible, dans son principe, compose aujourd'hui (17 juin 1807), outre huit béliers qui ont été vendus, un troupeau de 156 individus, tous purs Mérinos. Il contient aussi 84 métis femelles de différents degrés... Nous avons parcouru l'intérieur de la bergerie de *Tustal* : l'on y a formé trois séparations, dont la première renfermé les béliers ; la seconde, les brebis ; la troisième,

les agneaux et agnelles ; tout y est ordonné et propre : litière exactement renouvelée, eau fraîche.
On y a même pratiqué une petite cheminée pour
les circonstances où le berger aurait besoin de feu
dans le pansement des animaux malades. Elle est
d'ailleurs bien aérée ; en un mot, tout y annonce
des attentions multipliées, présage certain de la
prospérité du troupeau. »

Après avoir parlé des dispositions du propriétaire à céder des sujets pour faciliter de plus en
plus la propagation des Mérinos dans le département
de la Gironde, les sociétaires continuent : « M. Legrix fait plus : comme il sait que le berger est l'âme
du troupeau, il consent à faire élever aux conditions les plus économiques, par le berger de
Tustal, les jeunes gens que l'on destinera à la garde
des nouveaux troupeaux. Ils passeront avec ce berger intelligent et instruit les trois ou quatre mois
d'hiver, qui sont l'époque de la venue des agneaux.
Enfin, pour rassembler tous les moyens propres à
faciliter la propagation des Mérinos dans le département, M. Legrix y a introduit le chien, connu
sous le nom de *chien de berger,* ce prodige d'intelligence, dont Buffon n'a pas dédaigné de nous tracer le portrait avec ses magnifiques pinceaux :
cette race est aujourd'hui répandue dans les environs de *Tustal,* où l'on pourra aisément se procurer cet agent essentiel des bergers. »

Le troupeau de Tustal, porté d'abord jusqu'à 500 têtes, fut réduit ensuite à 200, et ses produits paraissent avoir été des plus encourageants.

Les toisons des brebis atteignirent 3 kilog., quelques-unes 5 et 6, et même jusqu'à 7. Leur taille parvint à $0^m 62^c$ et $0^m 64^c$; celle des béliers à $0^m 70^c$ et $0^m 72^c$. Enfin, les brebis pesèrent de 35 à 40 kil. Les laines étaient très-fines. D'abord vendues à M. Ternaux, elles le furent ensuite sur le marché de Bordeaux, et à des prix qui varièrent de 3 à 5 fr. 25 c. le kilog.

Dans les commencements, les béliers vendus principalement pour le Bas-Médoc, obtenaient les prix de 400 à 450 fr.; les brebis, ceux de 80 à 90. Les départements de la Dordogne, de Lot-et-Garonne et des Landes en acquirent aussi beaucoup.

Enfin, dans une notice destinée à rendre compte, tout à la fois, et du mode de culture de la terre de *Tustal*, et du troupeau de Mérinos qui s'y trouvait, M. Legris-de-Lassale disait : « Le succès que nous avons obtenu a été complet. Nos moutons peuvent être mis en parallèle avec les plus beaux des établissements impériaux; car, en conservant la finesse originaire de la laine, ils ont acquis une taille et des formes plus avantageuses que celles qui distinguent les bêtes venues directement d'Espagne. Nous devons cette amélioration aux soins, au bon régime et à une nourriture donnée en quantité suffisante, sans prodigalité. »

Parmi les propriétaires du Bas-Médoc ayant imité de tels exemples, on cite M. Fauché père. Parmi ceux des landes de la Gironde, MM. Guyot de Marans, à Saint-Selve; Laîné frères, à Saucats; Foussat, à Léognan; Jouis et Duchêmes, à Landiras; Laujac de Savignac, au Tech, etc.

Non-seulement le Mérinos a prospéré et prospère encore en France, comme on vient de le voir; non-seulement il y produit des métis précieux, mais encore il a été possible de s'en servir pour créer une race nouvelle, la race dite de *Mauchamp*. « Due à M. Graux, fermier de la terre de *Mauchamp* (Aisne), la création de ce nouveau type, dit M. Yvart, remonte à l'année 1828. La terre de Mauchamp, composée de terres peu fertiles, nourrissait depuis fort longtemps un troupeau mérinos de moyenne taille, lorsque, en 1828, une brebis donna un agneau mâle qui se distinguait de tous les autres par son lainage et ses cornes. Son lainage droit, lisse, soyeux, était peu tassé; chaque mêche, composée de brins iné-gaux en longueur, se terminait en pointe. L'aspect seul des cornes, presque lisses à leur surface, indiquait que la laine devait être droite ou peu ondulée, car les poils et les cornes ont, pour le mode de sécrétion, tant de rapports entre eux, que la laine ne peut être modifiée sans que les cornes ne présentent des modifications semblables. »

Ce fut au moyen de ce premier étalon que M. Graux

commença, dès 1829, les opérations qu'il avait en
vue, et en 1835, à la réunion du Comice agricole
de Rozoy (Seine-et-Marne), on put voir déjà quels
avaient été ses succès. Alors, il est vrai, il restait
encore beaucoup à faire sous les rapports de la
conformation des sujets par rapport à l'engraissement ; mais, depuis, ce genre d'amélioration a été
obtenu, et l'on a vu figurer avec distinction les sujets
de la race Mauchamp, tant dans les concours d'animaux de boucherie que dans ceux d'animaux reproducteurs.

*Introduction en vue de l'amélioration de la laine et
de la viande.*

RACES D'ANGLETERRE.

« S'il est un principe fondamental dans l'industrie moutonnière, c'est que les troupeaux, placés
sous l'influence d'une nourriture abondante et d'un
climat plutôt humide que sec, perdent de plus en
plus leur caractère de *producteurs de laine fine*, pour
acquérir celui de *bêtes de boucherie*. Or, le progrès
agricole s'attachant précisément à multiplier les
moyens de subsistance du bétail, il en résulte que ce
progrès a pour conséquence directe de refouler les
troupeaux de laine fine dans les pays à culture
ariérée, tandis qu'au contraire il tend à augmenter,
dans les pays d'abondance fourragère, les troupeaux

de boucherie porteurs d'une laine moins fine, mais plus longue (1). »

L'Angleterre, par les races ovines qu'elle possédait déjà, par les expressions de son climat, par les besoins de ses habitants, fut la première à s'engager dans la voie dont il s'agit, et qui consiste à avoir des bêtes riches en viande, précoces pour ce produit, et fournissant des laines plutôt abondantes que fines. Elle dut particulièrement à deux de ses éleveurs d'immenses avantages à ce triple point de vue : Backewell lui donna le *Dishley* ou *New-Leicester* ; Richard Goord, le *New-Kent*.

La France du Nord, la plus rapprochée de la capitale, ce qui est beaucoup même en agriculture, crut devoir la première s'engager dans une voie analogue, et pour laquelle d'ailleurs elle possédait moins d'avantages, il est vrai, que l'Angleterre, mais beaucoup plus cependant que la France du Midi

Ici encore, et comme pour l'amélioration des laines, on préféra procéder par la voie plus courte de l'importation de types améliorateurs ; et, dès 1833, M. Yvart fut chargé, par l'État, d'aller chercher en Angleterre des béliers et des brebis de race Dishley. Il ramena 110 brebis et 12 béliers, qui

---

(1) M. E. Lecouteux : *Entreprises de grande culture*, t. I, p. 366.

11

furent d'abord placés à Alfort, puis à Montcravel
Pas-de-Calais).

Plus tard, en 1838, M. Malingié fit venir, à ses
frais, des New-Kent et les établit chez lui, à la
Charmoise, dans le Loir-et-Cher. Ce fut là l'origine
d'une race aujourd'hui bien connue et justement
recherchée, la *race de la Charmoise* (1).

Nous nous bornerons ici à la mention de ces deux
faits principaux et décisifs, tentés en vue d'obtenir
des races *anglo-françaises*, et nous ne suivrons pas
le progrès nécessairement étendu, avec plus ou
moins d'avantage, d'abord à toutes les races à laine
longue de notre pays, puis même à celles à laine
frisée, et de manière à obtenir ce que l'on a nommé
les *Anglo-Mérinos*.

_____

(1) « Créée par M. Marlingié, cette race appartient à cette
» catégorie de bêtes à laine longue d'origine anglo-française.
» La toison en est tassée, ferme, et pèse 2 kil 1/2 pour les
» brebis, et 3 kil. 1/2 pour les moutons; la longueur du brin
» est de 0m 14c au moment de la tonte Quant à la finesse
» de cette laine, M. Malingié, pour en donner une idée, dit
» lui-même l'avoir vu filer à raison de 55,000 mètres de
» longueur au kilog. Sous ce rapport, elle se place donc au
» premier rang parmi les laines de peigne
» Par ses pères, la race Charmoise dérive du sang New-
» Kent, mais ce sang ne dépasse pas 50 p. 0/0; c'est-à-dire
» juste ce qu'il faut pour que le sang paternel fasse pré-
» domine ses qualités dans sa descendance, et permette au
» sang maternel de garantir la rusticité de la nouvelle race.

Nous dirons seulement, pour ce qui nous est particulier, que c'est dans le Bas-Médoc principalement qu'a été tentée parmi nous l'introduction du sang anglais, et que c'est là effectivement que cette introduction a paru présenter plus de chances de succès. « De tous les croisements, dit Jouannet (*Statistique du département de la Gironde*), celui du Leicester est celui qui a obtenu les meilleurs résultats. Les béliers du Leicester se sont parfaitement acclimatés ; ils prospèrent admirablement dans ces pâturages où l'herbe, souvent rafraîchie par les brouillards de la mer, acquiert une saveur particulière et salée dont les troupeaux sont friands. »

Un fait bien remarquable, c'est que déjà M. Legrix de Lassale avait fait cette observation, que les

---

» Par ses mères, la race Charmoise est d'une origine beaucoup plus compliquée, puisqu'elle dérive à la fois de brebis » solognottes, berrichonnes, tourangelles et mérinos, de » manière à ne conserver que 12 1/2 p. 0/0 du sang de cha- » cune de ces races. — Pourquoi ce mélange de sangs si dif- » férents du côté des mères ?

(M. E. LECOUTEUX : *ouvrage cité*, t. II, p. 374.)

Au concours d'animaux de boucherie de Bordeaux, en 1864, c'est un lot de moutons de cette race qui a obtenu le premier prix, dans la catégorie des *races étrangères pures ou croisées*. Il était présenté par M. Duperrain, boucher à Verdelais, et provenait du troupeau entretenu par M. Barenne, conseiller à la Cour impériale de Bordeaux.

Mérinos n'avaient pas réussi dans une contrée du
département conquise sur les eaux de la mer et de
la Gironde ; et dont la mise en culture ne remonte
pa sau-delà du règne d'Henri IV. Par son origine,
par son sol, par son voisinage, cette contrée, effectivement, a bien moins de rapports avec le reste du
département de la Gironde, qu'avec les plaines de
la Hollande et de la Flandre, où vivent les races
ovines à longue laine.

On comprend ainsi et sous ce rapport combien
est grande l'influence locale et combien est précieuse,
pour le cultivateur qui veut raisonner ses actes et
en obtenir du succès, la connaissance de cette
influence.

APPENDICE

ÉPIZOOTIE DE 1774

L'honorable secrétaire du Comice agricole de l'arrondissement de La Réole, M. Archu, inspecteur
de l'instruction primaire dans ce même arrondissement, nous communiqua, le 11 Novembre 1863,
une pièce fort curieuse sur l'épizootie de 1774, et
que nous n'avions pas connue au moment où nous
écrivions la relation en tête de ce petit traité.

Il s'agit d'une des notes intéressantes que l'abbé
Boniol, curé du Puy (aujourd'hui canton de Monségur) et bénéficiaire de Couture-sur-le-Dropt, avait
l'habitude d'inscrire sur le registre de l'état civil de
sa paroisse. Habitude à laquelle il se montra fidèle
depuis 1763, jusqu'au 8 Décembre 1792.

« L'année 1774 a été une des plus chaudes qu'on ait vue
depuis longtemps. Pendant la fin du printemps, tout
l'été et l'automne, les vents d'Est et du Sud ont été
presque continuels. Rarement ceux du Nord et du bas
(ouest) ont donné.

L'air chaud et enflammé n'a laissé mûrir aucun menu
grain. Ce qu'il y a de plus triste, c'est qu'il a causé beaucoup de maladies sur le gros bétail ou sur les bêtes à
cornes. Cette province a été affligée par les ravages af-
freux d'une maladie pestilentielle et épizootique qui est
tombée sur les animaux depuis le commencement de
Juin, et qui n'est pas encore éteinte, malgré de gran-
dissimes froids qui ont précédé le mois de Décembre,
et qu'on regardait comme un souverain remède envoyé
du ciel pour enterrer cette calamité. On ne saurait dire
combien de pays entiers n'ont pas conservé une seule
tête de bétail. On n'a pu semer d'aucune façon, et les
terres qui au mois de Novembre devaient être ensemen-
cées, ressemblaient aux vertes prairies du mois de mai.
Cette contagion s'est répandue principalement dans les
pays chauds qui nous environnent et dans notre Entre-
deux-Mers. Elle a même pénétré jusque dans le diocèse
(Bazas), car elle a infecté tout le Midi et le Couchant,
et une partie du Nord.

Le Gouvernement n'a pas manqué de prendre les plus sages précautions pour éviter la propagation du ravage; mais ses mesures ont été inutiles, faute de connaître la véritable cause du mal. On a d'abord supprimé les foires et le transport de ces animaux pour arrêter la communication, mais le venin a gagné la même chose.

Enfin, on s'est aperçu que les traiteurs eux-mêmes ou autres personnes qui entraient dans les granges où étaient les bêtes malades, portaient la contagion sur leurs habits ou sur eux-mêmes, et la communiquaient aux bêtes saines, en les soignant seulement comme à l'ordinaire, ou en entrant dans leurs parcs pour les visiter et les toucher.

Le ministère ayant connu le danger, mais trop tard, a ordonné des précautions pour l'éviter dans les endroits où le mal n'a pas pénétré. Grâce au ciel, il est encore à trois lieues d'ici (du Puy). Dieu nous préserve d'en être affligés! Par ordre de notre Prélat, nous avons fait, à différentes reprises, des prières et des processions publiques, pour demander à Dieu la préservation de ce fléau, et nous attendons que nous soyons exaucés. La Réole, Monségur, Duras et autres villes voisines ne laissent entrer aucun bétail en temps de foire; il y a apparence que c'est de même partout ailleurs. *Mais quand la foire est à Monségur, elle se tient à Bordepaille, en cette paroisse (le Puy), pour le commerce des bouchers seulement.* »

Nous devons aussi à l'obligeance de notre savant collègue, M. Jules Delpit, de l'Académie impériale des Sciences de Bordeaux, la connaissance malheureusement trop tardive d'un intéressant manuscrit, ayant pour titre : *Mémoire pour le sieur abbé Desbiey, sur la perte de ses bestiaux et sur les vexations qu'on a exercées et qu'on exerce encore contre lui.*

Il s'agit, dans cet écrit qui ne comprend pas moins de 54 pages, des pertes éprouvées sur deux troupeaux de vaches et une paire de bœufs que le réclamant possédait dans la paroisse de Saint-Julien-en-Born.

Cette perte, dont il expose les causes avec des détails souvent très-intéressants pour l'histoire de la grande catastrophe de 1774, est évaluée par lui à 9,654 liv. 5 s. 6 d. « Sans y comprendre, ajoute-t-il, mille autres dépenses, les humiliations et les chagrins cuisants qu'éprouve toute une famille honnête depuis si longtemps. Tel est l'abrégé des persécutions et des pertes que j'ai éprouvées. C'est à l'humanité et à la justice de M. de Persan que le détail en est confié ; mon espérance en celle des ministres ne saurait être trompée. »

FIN

TABLE

Bordeaux. — Impr. de F. DEGRÉTEAU et Comp.

Le même Auteur a également publié, en 1862,
un ouvrage élémentaire comme celui-ci, sous le
titre :

ÉTUDES DES TERRES ARABLES

160 pages, avec figures.

en 1863, une

INSTRUCTION SOMMAIRE SUR LA CULTURE DU TABAC

100 pages, avec figures.

(Chez les mêmes libraires.)

www.ingramcontent.com/pod-product-compliance
Lightning Source LLC
Chambersburg PA
CBHW060517090426
42735CB00011B/2272